数码摄影

修图师

完全手册

（第1卷）

王永亮 著

U0285293

人民邮电出版社

北 京

图书在版编目（CIP）数据

数码摄影修图师完全手册. 第1卷 / 王永亮著. --
北京：人民邮电出版社，2018.1
ISBN 978-7-115-46595-5

Ⅰ. ①数… Ⅱ. ①王… Ⅲ. ①图象处理软件—手册
Ⅳ. ①TP391.413-62

中国版本图书馆CIP数据核字(2017)第219135号

内 容 提 要

中艺影像学校是国内知名的摄影培训机构，十余年来培养了数万名摄影爱好者和专业摄影工作者。本书作者王永亮是国内资深数码摄影后期讲师、中艺影像学校课堂金牌讲师，对于人像摄影及风光摄影，在后期修饰、调色方面都有着深入的研究。其摄影后期网络课程被收录到腾讯课堂精品合辑。

本书根据作者中艺网校热门摄影后期课程《修图师》编写，不仅包含了网络课程的知识内容，还涵盖了网络课程中没有涉及的知识点，读者可以线上线下结合学习。全书共分3章，第1章简要介绍了Photoshop软件使用的基础知识；第2章详尽解读了调色命令的应用，图层的内容介绍及人像、风光照片的修饰处理；第3章则进一步说明了辅助操作的知识、色彩的部分知识、图层的深入运用、选区的高级处理、特效制作等相关知识。本书以摄影后期的基础知识到进阶知识为主线贯穿，读者可以有计划、有条理地进行学习。

本书适合摄影后期初学者、摄影爱好者以及摄影后期从业者阅读。

◆ 著　　　王永亮
　　责任编辑　胡　岩
　　责任印制　周昇亮

◆ 人民邮电出版社出版发行　　北京市丰台区成寿寺路 11 号
　　邮编　100164　　电子邮件　315@ptpress.com.cn
　　网址　http://www.ptpress.com.cn
　　北京东方宝隆印刷有限公司印刷

◆ 开本：787×1092　1/16
　　印张：21　　　　　　　　　2018 年 1 月第 1 版
　　字数：490 千字　　　　　　2018 年 1 月北京第 1 次印刷

定价：128.00 元

读者服务热线：**(010)81055296**　印装质量热线：**(010)81055316**
反盗版热线：**(010)81055315**
广告经营许可证：京东工商广登字 20170147 号

前　言

　　我是亮亮老师，是中艺网校数码后期课程讲师，也是本书的作者。我在中艺网校所开设的课程很多人都听过，很多朋友都建议出版配套教材，所以应广大朋友要求我编写了本书。本书没有什么华丽的语言，但敢确定的是书中每个理论或实例都很实用，可以使大家轻松、愉快地学习后期知识。

　　本书是根据我开设的中艺网校网络课程"摄影后期修图师"所编写的配套教材类图书，书中不仅包含了网络课程的知识内容，也涵盖了网络课程中没有涉及的知识点。整个教材以一条非常清晰、合理的主线贯穿Photoshop摄影后期的基础知识到进阶知识，使读者可以有计划、有条理地进行学习。

　　本书中所涉及的知识点广泛、实用，涵盖了软件基础、人像修饰、风光处理、特效制作，从理论到实例，使读者不但学会怎样制作、修饰，还能明白为什么要如此操作。

　　因为本书是与网络课程配套编写的，所以除了可以阅读图书学习以外还可以在网校观看我们的相关教学视频，这种立体教学方式是现代教育发展的必然结果，也是我们改革进步的结果。可以使大家在后期学习中更快地掌握相关知识，能够更好地运用所学知识去改变自己的作品。

　　如果大家在学习过程中发现本书编写有误的地方，请及时与我们联系，感谢大家的支持!

　　•亮亮老师微博：王永亮老师

　　学习中艺网校视频课程请扫描以下二维码。

王永亮

2017年2月

目录

第3章 Photoshop后期进阶知识 / 180

目录

1

第
1
章

———

走进 Photoshop 的神秘世界

目前，数码技术迅速发展，大家对 Adobe Photoshop(俗称 PS)已经不再陌生，无论男女老少对这个软件都有一定的了解。从日常的生活拍照处理，到广告设计、工业产品设计等，都离不开 Photoshop。当然，所谓的"PS"广义上讲并不是单指 PhotoShop 软件，只要对照片做过处理就可以称其做过"PS"处理，而不限制所使用的是哪种软件。目前大家使用的智能手机中就有一些可以处理照片的软件，不过这些软件对照片的处理还是有一定局限性的。本书所提到的"PS"专指 Photoshop 软件，所讲解的内容是 PhotoShop 这个强大而专业的图像处理软件的使用方法。

大家拿到本书，就等于得到了摄影者都在抢夺的"武林秘籍"，如果想将这些"武林绝学"都掌握，那就先跟笔者一起走进 Photoshop 的神秘世界吧，开始真正地去了解并学会 Photoshop。

1.1

Photoshop 软件入门必备知识

任何人都可以学习数码后期制作，但是在进入此领域之前还是要先做好准备，这样才能更轻松地进行后面的学习。下面将讲解如何选择电脑（计算机，俗称电脑）硬件及软件的相关知识，为之后的学习打下一个良好的基础。

1.1.1 如何选择性价比最高的电脑配置

后期制作离不开电脑，虽然电脑已经普及到千家万户，不过对于后期制作来说还是有一定的硬件要求，并不是所有电脑都能胜任。下面就来讲解应该如何选择一台既经济又实用的电脑。

很多人在选择电脑时都会有一个错误的认识：价格越高的电脑越好用。实际上电脑并不是越贵越好，而是越实用越好。那么哪种电脑算是实用呢？其实就是花最少的钱选择最合适的配置。当然资金充裕的朋友可以随意，可以选购较昂贵的设备。

电脑的选择范围很大，因为现在大部分PC机（即个人电脑）采用的是美国微软公司开发的Windows平台，另外还有美国苹果公司的苹果机，搭载的是苹果系统。一般PC机的操作系统比较容易掌握，是大多数后期人员的首选，当然专业人士也可以考虑苹果机。

在本书中只以一般的PC机为例进行介绍，因为苹果机的选择性很小，且价格昂贵。而PC机就不同了，PC机又分为品牌机和兼容机两大类。其中品牌机又有多个品牌，如戴尔、联想、华硕、惠普、三星等，当然这些品牌里面都包括台式机和笔记本电脑。在这里不推荐大家将笔记本电脑用来进行后期处理，相对于台式机来说没有那么高的实用价值。

对于不同品牌的台式机其价格和配置也各不相同，在这里笔者也不推荐大家购买品牌机，因为品牌机的配置会有一定的限制，不能完全按照后期处理的需求来搭配，也许一台品牌机中某个硬件符合后期处理的需求，而另一个就不太符合。而且相对于兼容机来说价格上又高出一些，因此建议大家在选购电脑时尽量选择兼容机。

在笔者主讲的网络课堂中很多朋友都会问："亮亮老师，我对硬件不懂，应该如何选择兼容机？"其实这很简单，一台电脑的组成主要包括CPU、显卡、主板、内存、硬盘、机箱电源和显示器，大家只要考虑好这些硬件的配置就可以了。下面简单给大家介绍一下这些硬件的选配经验，仅供参考。

CPU：CPU相当于电脑的大脑，用来对使用者给出的命令进行运算，当然是越高配置的越好。但是，最高配置的CPU其价格会很高，其实可以在配置上选择稍微低于最高配置的一款，价格就要便宜很多了。即便是选择了最高的配置，过不了多久也会被新出的给比下去。从CPU品牌来说，Intel肯定是不错的，不过价格相对要高一些。大家可以看一下AMD、赛扬或其他品牌。退而求其次也是不错的选择，经济实惠才是硬道理。对于配置的考虑，大家可以去观察CPU的参数，如CPU的工作频率肯定是越高越好。另外就是看核心数，现在的CPU四核、八核已经很普遍了，选择核心数多的即可。不过还要看一下CPU的针数，因为这个针数是要匹配主板的。如果有散装的尽量选择散装，不要选择盒装，二者性能和配置一样，而价格会有差异。

显卡：显卡是支持图形显示的一个硬件，也是必不可少的硬件。市面上显卡的品种有很多，其实主要只有两个系列：一个是N系列，一个是A系列。芯片系列结合不同厂家于是出现了众多品牌，在显卡中可以优先考虑七彩虹、技嘉、华硕、艾尔莎，毕竟这些是知名品牌，质量和口碑还是不错的。选择显卡时还要注意到它的参数，一是要考虑显存大小，其次就是考虑缓存多少。目前主流显卡的显存为2GB，高配达到了4GB，根据自己经济能够承受的范围选择，其实对于处理图像来说2GB已经完全没有问题。缓存肯定也是要考虑容量大一点的，从128BT~512BT，依然要根据自己的经济情况来选择。

主板：主板是将各个硬件连接到一起的平台，主要考虑的是兼容性，能够兼容更多品牌的硬件为佳。其次就是考虑各个硬件插槽的个数，内存插槽尤为重要，尽量选择多内存插槽的，这样是为了以后电脑升级考虑。主板的品牌也有很多，一般选择主板价格为700~800元人民币即可。如技嘉、华硕、精英、七彩虹，都可以考虑。

内存：内存也是决定电脑运行速度快慢的一个重要硬件，内存的大小直接决定了后期处理的速度。尤其是现在Windows系统的升级对内存的要求越来越高，而且后期处理主打软件Photoshop的升级也对内存有了一定的要求。尽量选择4GB以上的内存，容量越大越好。如果主板上有4条内存插槽，则可以先选择两条内存，如两条4GB内存，那么内存就是8GB，这已经完全满足后期处理的需求了，品牌上可以选择金士顿、威刚。

硬盘：硬盘是用来存储数据及文件的硬件，是必不可少的设备。硬盘根据存储量不同，价格会有不同，目前主流硬盘的存储量为1TB（即1000GB），这个存储量的硬盘已经完全满足后期处理的需求。不过建议在配置硬盘的时候考虑增加一块固态硬盘，固态硬盘比普通硬盘的存储及读取速度高很多倍，也直接影响了电脑的运行速度。增加一块固态硬盘作为系统盘和暂存盘可以有效地提高电脑的运行速度，提高电脑的性能。推荐品牌有希捷、西部数据、三星等。

机箱电源：虽然这个配置是必需的，但是在选择上就没那么多讲究了，大家选择自己喜欢的机箱外观即可，一般价格为200元人民币已经完全可以了。

显示器：对于这个硬件需要认真选择，因为所有的效果都需要显示器来呈现。尽量选择一些大品牌产品，如三星、冠捷、戴尔等，尺寸上根据自己的需求来选择。但是大家要仔细研究可视角度及色域范围，还有就是屏幕清晰度，也就是分辨率。价格约为1500元人民币的已经完全可以了。

主要的硬件就是以上这些，键盘、鼠标等不必过多考虑，不过鼠标要选择大一点的，重一点的，这样使用起来稳重、准确。

当然这些建议仅供参考，实际还是要根据自己的经济实力和喜好来选择，大家可以到网上商城去搜寻，很多DIY装机的配置都值得参考。最好是在空闲的时候多上网了解一下有关电脑配置的知识，也可以进入中艺网校观看相关课程。

当然，只选择电脑硬件配置还是不够的，下面将讲解如何正确选择软件，要知道选择正确的软件同样重要。

1.1.2 如何选择最适合的 Photoshop 软件版本

摄影后期是离不开软件的，目前在整个后期领域盛行的软件很多，但是也并非所有的软件都可以使用，在专业的后期范围内所应用的软件其实很少，但是这些软件很实用，主打软件自然是Photoshop。下面将给大家介绍一下如何根据自己电脑的配置去选择合适的版本。Photoshop软件从诞生到现在经历了很多版本的升级，虽然大家不必对每个版本的内容都作了解，但是最近几年所出现的版本还是有必要了解一下，从Photoshop CS5版本以后软件有了一个质的飞跃，与以前版本相比出现了很大区别，一些功能更新后更加智能化、简单化，可以非常有力地辅助后期制作。

版本的选择并非越高越好，很多人都认为选择最新、最高的版本就可以，其实这是错误的想法。软件版本的提升也代表着对硬件要求的提高，只考虑新版本功能多是不太合理的。对于摄影后期来说用到的只是Photoshop软件中很少的一部分功能，其实任何一个版本都可以满足制作需求。对于不太了解该软件的使用者在选择软件版本时会比较迷茫而不知所措。

软件选择要根据所使用电脑的配置来进行，选择正确的软件版本，软件性能可以完全发挥出来，运行的速度及稳定性也会得到很好的展现。但是选择错误会导致软件运行速度变慢，或者浪费电脑的配置，出现大材小用的问题。

首先要根据电脑硬件去选择软件版本，如果使用者的电脑硬件配置不是很高，如电脑的内存只有2GB或更低，那么只能选择Photoshop CS5以前的版本了，只有这几个版本的Photoshop才能在这种低配置电脑上完美运行。如果选择Photoshop CS6或最高软件Photoshop CC，那即便是能安装好，运行软件也会很吃力，因为硬件达不到软件的需求，"小马拉大车"，速度会快吗？如果电脑内存已经是4GB以上了，那么就可以选择Photoshop CS6以上的版本了。

其次，软件的选择可以根据电脑中所安装的Windows系统来决定，如果电脑安装的是Windows XP 32位系统，那只能选择Photoshop CS6以下版本。如果电脑系统安装的是Windows7以上的版本，那么可以随意安装Photoshop软件，不过建议安装更高一些的版本。

1.1.3 配合 Photoshop 软件的其他软件

后期中除了前面介绍的Photoshop软件以外，应该还需要有其他软件进行辅助，这样可以使Photoshop工作起来游刃有余。最起码需要有一些照片管理或批量处理软件，在这里给大家推荐的是ACDSee，此款软件可以对照片简单进行曝光调整，也可以对照片进行批量管理，如批量转换格式、更改大小、重命名等。如果将这款软件与Photoshop结合起来运用，则可以令使用者事半功倍。这款软件操作起来比较简单，只要了解电脑及简单的后期知识就可以操作。所以笔者认为这款软件是辅助类软件的不二之选，当然有人喜欢使用Lightroom，其实Lightroom也可以替代ACDSee，只不过相对来说Lightroom操作要复杂一些，要求的技术也要多一些，它介于Photoshop和ACDSee之间。根据每个人的情况，可以选择自己用着顺手的软件。

除了这些图像管理类软件以外，也可以为电脑安装几款操作简单的、非专业类的图像处理软件，一旦大家犯懒时就可以用上啦！笔者建议选择光影魔术手或电脑版美图秀秀，有时候这些软件对图像处理起的作用还真不小。

另外可以多准备一些外挂滤镜或Photoshop的插件，如磨皮或制作特效用的滤镜，在后期中也是经常使用的，在本书后面的内容中专门介绍了磨皮滤镜插件，所以在此先不进行详细介绍。

1.1.4 使 Photoshop 飞速运行

安装Photoshop软件后，在运行时所有的设置都是默认的，这些设置对于处理摄影后期其实并不是很合理，要想使软件运行速度快、性能稳定，还必须要对其性能设置进行一番调整。不要担心，这些调整其实很简单，按照下面给大家的解释及操作步骤进行即可。

由于目前摄影用的设备像素越来越高，所以拍摄出的作品照片尺寸也就越来越大，默认的性能设置已经不能满足处理照片的需求了。也许很多人在处理照片时遇到过一些警示性的提示。比如，在执行一个具有复杂运算的命令时Photoshop会弹出一个警示对话框，提示不能完成该命令，因为暂存盘已满；或者是不能初始化Photoshop，原因也是暂存盘已满。这就是性能设置中没有合理规划。另外，大家还会遇到提示RAM不足的情况，这些也是软件设置不合理导致的。

如果想要使Photoshop飞速运行，需要进行合理规划。在这里谈到的规划包括了两个部分，一个是性能优化，一个是界面优化。

接下来将介绍如何对Photoshop的性能进行合理优化设置。

安装软件后启动软件，无论现在软件的界面是什么情况都先不要管他，一步步跟着下面的讲解进行操作。

打开"编辑"菜单，找到最下方的首选项(有的电脑显示器显示不全，看不到首选项，此时可以点击下面的小黑三角即可看到)，找到首选项后选择里面的"常规"选项，如图1-1-1所示。

图1-1-1

打开"常规"选项以后，可以看到一个对话框，在对话框中有两项需要进行修改，不过这里的修改主要是以操作方便为主，与性能无关。首先将"缩放时调整窗口大小"前面的对钩去掉，这样主要是为了在Photoshop中缩放图像时省去再次拖曳文件边框的操作。另外，勾选"用滚轮进行缩放"复选框，这样就可以直接使用鼠标的滚轮来进行图像的视图缩放，而不需要操作其他命令或使用快捷键，具体修改请参照图1-1-2。

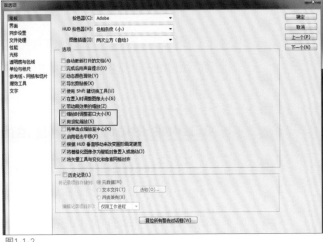

图1-1-2

设置"常规"选项后可以点击"下一个"按钮进入"界面"选项设置，在"选项"设置中有一个界面的颜色方案选择，大家可以根据自己的喜好选择一个界面的色彩，从Photoshop CS6以后的版本是可以自己更改界面色彩的，软件默认为黑色，可选择的有深灰色、灰色、浅灰色。为了使大家看清楚软件截图，笔者在此选择了以往版本的浅灰色

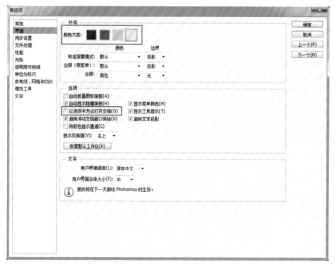

图1-1-3

配色方案。下面的选项中将"以选项卡方式打开文档"前面的对钩取消，主要是为了在打开多张照片时避免照片与照片折叠。具体修改操作如图1-1-3所示。

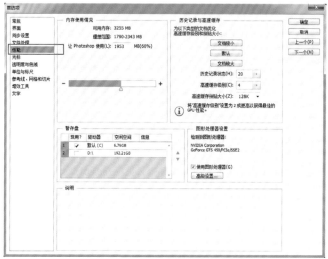

图1-1-4

接下来在左侧栏里直接点击"性能"选项，此选项才是最重要的，这里就是用来设置软件性能的，如图1-1-4所示。

在这里首先要调整设置的就是内存使用情况，此处的调整可以解决警示RAM不足的问题。这里所看到的可用内存是电脑本身内存大小减去Windows系统运行所用内存及其他软件运行所用内存所得到的结果。当然，电脑硬件内存越大，此处剩余可用内存也越大。比如，笔者的电脑内存为4GB，相当于1024×4=4096MB，减去系统和其他软件所占用的，现在剩余3255MB，如图1-1-5所示。

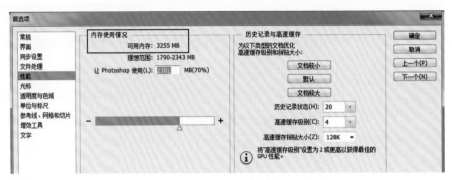

图1-1-5

在"可用内存"下面还有一个"理想范围"，其后面的数字就是系统自动运算出比较合理的一个数值，这个就是从剩余内存中划出多少给Photoshop软件来用的数值。通常情况下可以设置到后面最大的数值，也可以以百分比的形式进行设置，大概到70%即可，如图1-1-6所示。

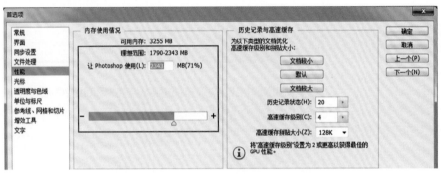

图1-1-6

设置内存使用情况后接着往下看，可以看到暂存盘的设置。暂存盘是Photoshop软件运行时临时存储运算数据的空间，在Photoshop软件中进行图像处理时会有很多的临时数据进行运算和存储，存储这些临时文件的地方称为暂存盘。这个暂存盘的选择必须要合理，否则就会出现暂存盘已满的警示，那以后的命令就无法操作了。可以根据自己的电脑配置对暂存盘进行设置，大致分为两种情况。其一是以前的电脑，因为以前还没有出现固态硬盘，所以电脑里面只有一块普通的机械硬盘，这样在设置时是不能将C盘设置为暂存盘的，因为C盘安装了系统，要尽可能保证C盘的运行空间。所以只能将电脑中其他盘符中所剩空间最多的列为第一个暂存盘，然后也可以再加选第二个暂存盘，以此类推，如图1-1-7所示。

其二是最新配置的电脑或使用者自己加配了固态硬盘，如果有了固态硬盘那就简单了。因为固态硬盘的读取和存储速度要比普通硬盘高很多倍，因此只选择C盘作为暂存盘即可，这样可以再次提高Photoshop软件的运行速度，如图1-1-8所示。

图1-1-7   图1-1-8

在这里给大家一个提示：如果利用苹果电脑安装了Windows系统，记住千万不要设置暂存盘，保持默认就可以了。

设置暂存盘后接着看右上方，在右上方有"历史记录与高速缓存"设置，在这里需要设置的就是"历史记录状态"及"高速缓存级别"。历史记录是记录操作者对Photoshop软件的所有操作步骤的，方便大家在操作过程中返回到前面的步骤中。软件默认历史记录的步骤是20步，这对于初学软件的朋友可能有点不够用，因为在操作中短短的时间内就会产生很多步骤。所以很有必要将历史记录步骤修改得更多一些，不过也不能修改得过多，因为历史步骤的多少会影响暂存盘的存储量。笔者建议设置到50步，这已经完全可以满足日常处理图像的需求了，如图1-1-9所示。

"高速缓存级别"是软件运行时对数据运算缓存的一个速度设置，为了追求软件更高的性能和速度，在这里可以将默认的级别4设置到最高级别8，如图1-1-10所示。

图1-1-9   图1-1-10

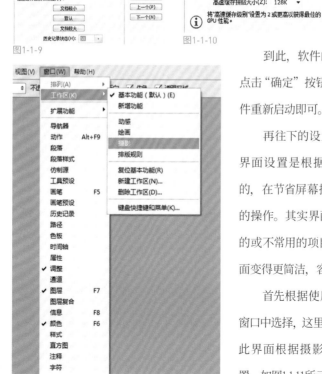

到此，软件的性能设置也就结束了，点击"确定"按钮，然后关闭Photoshop软件重新启动即可。

再往下的设置就属于界面的设置了，界面设置是根据个人习惯或喜好来进行的，在节省屏幕操作空间的同时方便大家的操作。其实界面设置就是将界面中不用的或不常用的项目进行规划，使软件的界面变得更简洁，容易操作。

首先根据使用者所属的行业在软件的窗口中选择，这里选择工作区里面的摄影，此界面根据摄影后期需求进行了规划设置，如图1-1-11所示。

图1-1-11

打开相应界面后，可以看到在界面的右侧有一栏浮动面板，这些面板中的设置是Photoshop软件操作中的重点，如图1-1-12所示。

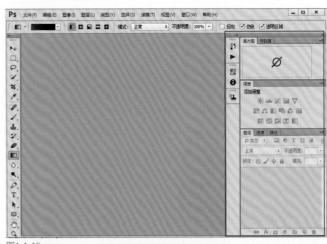

图1-1-12

浮动面板中有些内容是用不到的或不常用的。首先看到的是"历史记录"，在前面曾经介绍过设置历史记录的方法，历史记录是非常重要的一个部分，是必须要保留的。先打开"历史记录"面板，将其拖曳至一旁备用，如图1-1-13所示。

图1-1-13

"动作"面板的使用概率不是很高，只有进行批量处理时才会使用到，所以可以选择关闭这个部分也可以选择保留。先点击"动作"按钮打开"动作"面板，然后选择保留或关闭，如图1-1-14所示。

图1-1-14

然后是"属性"和"信息"，这两个项目对摄影后期用处不是很大，所以可以选择将其暂时关闭，如图1-1-15所示。

图1-1-15

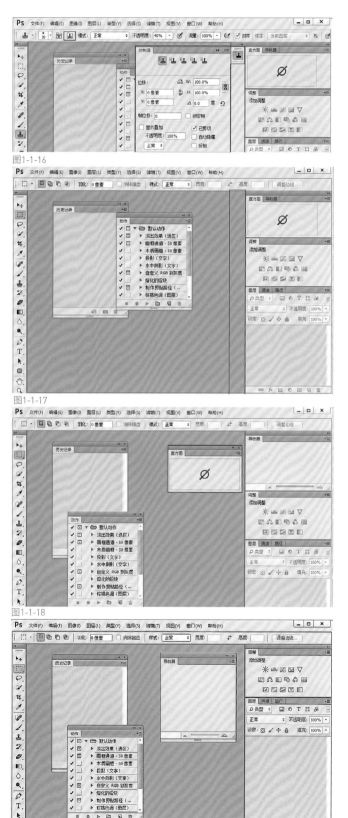

图1-1-16

图1-1-17

图1-1-18

图1-1-19

再往下面就是"仿制源"按钮，点击该按钮可以打开仿制图章工具属性中的仿制源的设置，该按钮与仿制图章工具属性栏里面的按钮功能相同，所以根本没必要重复放置，果断选择将其关闭，如图1-1-16所示。

这样就将浮动面板中左边的一个边条去除了，虽然只节省了不多的空间，但对于屏幕工作界面已经很不错了，如图1-1-17所示。

再往下调整就是"直方图"面板了，通过直方图可以读取照片明暗对比信息，也就是照片的曝光信息。很多朋友根本看不懂直方图，那留着也没什么用，将该面板拖曳出来并选择关闭。如果操作者习惯观看直方图则可以选择保留，如图1-1-18所示。

接着是"导航器"面板，导航器是照片放大后用来导航显示局部图像的，建议初学者可以暂时保留，熟悉该功能的操作者可以将其关闭，如图1-1-19所示。

"调整"面板与图层面板下方的"添加调整层"按钮的功能相同，所以在此关闭"调整"面板。此时"图层"面板上方没有内容了，"图层"面板就会直接提升到顶端，这样就可以增加图层面板的图层层数显示，方便以后对图层的操作，如图1-1-20所示。

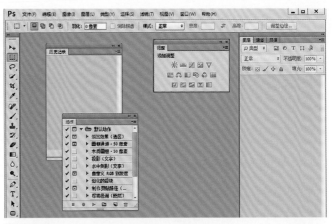

图1-1-20

将以上这些不用的或不常用的项目关闭后，界面显得简洁、整齐多了。"图层"面板后面以标签形式显示通道和路径，此时应将前面保留下来的"历史记录"和"动作"面板也拖曳到标签组里面，可以将"历史记录"或"动作"面板往标签组上方拖曳，当整个面板出现蓝色边框时释放鼠标即可，如图1-1-21所示。

图1-1-21

调整界面后，为了以后使用方便而不用每次都做调整，选择"窗口|工作区|新建工作区"菜单命令，自己重新命名即可，如图1-1-22所示。

图1-1-22

到此软件的性能设置和界面设置就结束了，此两项设置是为了提高软件的性能和操作性，建议大家按照以上的讲解去设置软件，方便以后对Photoshop软件的操作。下面将和大家一起进入到Photoshop的神秘世界，出发吧！

1.2

Photoshop软件基础知识

只学会软件的设置是远远不够的，在进入Photoshop软件之前，必须要学习一些相关的知识。下面主要给大家介绍一些软件基础知识，这样之后在学习软件过程中遇到的一些词汇就能很容易理解了。

1.2.1 图像分辨率及屏幕分辨率解析

分辨率是摄影领域中一个重要概念，也许很多朋友理解的分辨率是图像的清晰度，当然这样理解不能算是错，但是不全面。其实分辨率除了决定了图像的清晰度以外还决定了图像的最终大小。

什么是分辨率？

分辨率指的是单位图像内所包含像素点的多少，也就是图像或屏幕的清晰精密度，分辨率分为屏幕分辨率和图像分辨率。

屏幕分辨率：指的是在显示设备的显示器屏幕的单位尺寸中所显示的像素点的个数。日常生活中大家所接触的显示设备有电脑、手机、电视、相机等。这些设备都有相应的分辨率，也都有相应的尺寸。

电脑显示器分辨率就是屏幕上显示的像素个数，如分辨率为1024像素×768像素是指水平像素数为1024个，垂直像素数为768个。分辨率越高，像素的数目越多，感应到的图像越精密。而在屏幕尺寸相同的情况下，分辨率越高，显示效果就越精细、细腻。

本书以图像处理为主，所以就不再深入解释屏幕分辨率，先针对图像分辨率加以解释。

图像分辨率：描述图像细节分辨能力，同样适用于数字图像、胶卷图像及其他类型图像。常用像素/英寸、像素/厘米等单位来衡量。通常，"分辨率"被表示成每一个方向上单位尺寸中的像素数量，如72像素/英寸、300像素/英寸，这表示的就是图像的分辨率。

在这里提到了一个词——像素。要想理解分辨率的概念，就必须要清楚什么是像素。

像素：是组成一幅图画或照片的最基本单元。将一张照片放大，如用Photoshop这样的图像处理软件将照片放大，当放大到一定程度，就会看见这张照片原来是由无数颜色不同、浓淡不一样的不相连的"小点"组成的。这些小点就是构成这幅照片的像素。

像素点分布越密集，就越能将物体的细节表现出来。所以，如果一张照片的像素越高，照片就会越精细。像素越低，照片就越粗糙，很多细节就难以表现出来。

如果在Photoshop软件中将一张图像放大到最大，所看到的是一个个小方块，类似马赛克的效果，其中每个小方块就是一个像素，如图1-2-1所示。

图1-2-1

不知道大家是否了解像素大小这个概念，其实像素大小是与分辨率有着密切关系的，而且也影响了照片的尺寸。

图片像素大小：像素是图片大小的基本单位，图像的像素大小是指位图在高、宽两个方向的像素数相乘的结果，如宽度和高度均为100像素的图片，其像素数是10000像素。通常，介绍图片的尺寸，在不明确说明的情况下，单位都是像素，最小的图片是1个像素，几乎是肉眼所无法识别的。图像像素越多，图片文件所占用的字节数也越大。需要注意的是，计算像素时，分辨率的单位中的尺寸单位（像素／英寸）要与图像尺寸单位一致。

在日常进行图像处理的工作中，对照片分辨率的设置是不可忽视的，一旦设置错误将会导致最终输出尺寸出现错误。所以图像处理操作人员必须要清楚什么情况下应该设置多高的分辨率，这些根据行业不同和照片用处不同有一些差异。

常用图像分辨率设置如下。

只用于显示器观看或网络观看：72像素／英寸。

影楼行业冲印（洗）照片：254像素／英寸。

打印机打印或印刷：300像素／英寸。

用于展板、展牌、灯箱广告：72像素／英寸。

大型巨幅喷绘广告：18~36像素／英寸。

分辨率决定了图像的精细度，这一点很容易理解，那分辨率也决定了图像的大小是否也很容易理解呢？一张图像的尺寸并不是决定图像大小的唯一标准，分辨率同样也影响了图像的大小。下面将介绍的就是决定图像尺寸的因素。

1.2.2 决定图像尺寸的因素

了解了分辨率的概念后，在这里谈谈影响图像尺寸的因素有哪些。一张照片的大小除了由设定的尺寸决定以外还有其他的因素能够决定。比如，图像中的像素大小、分辨率都可以影响最终照片的大小。图像尺寸是图像的一个重要属性，只有准确的图像尺寸才能使后期制作人员能够更好地处理和打印印刷图像，才不会导致不必要的浪费。

什么是图像尺寸？图像尺寸也就是图像的号码大小，它指的不是图像所占用的数字空间，而是真正的打印出片后的尺寸。图像尺寸决定了图像的大小，也影响了图像所占用的数字空间。

大家平时说的7英寸、10英寸，A4、A5等都属于图像的尺寸。

那决定和影响图像尺寸的因素到底有哪些呢？决定图像尺寸的因素如下。

● 图像属性设置中的宽（横）和高（竖）；

● 图像的像素大小；

● 图像的分辨率高低。

在图像属性设置中宽和高的参数设置直接决定了图像的大小，可以在"新建"对话框中设置图像属性，也可以在"图像大小"对话框中进行设置，如图1-2-2所示。

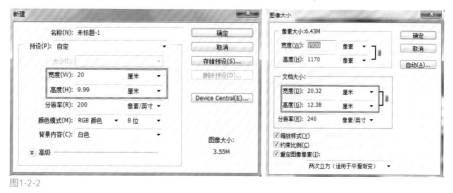

图1-2-2

在图像属性中设置图像的宽和高时一定要选择正确尺寸的单位，根据要求去选择或换算成合适的单位，否则会出现尺寸错误。宽和高的常用设置单位有：厘米（cm）、毫米（mm）、英寸(in)，其中这些单位有换算关系：1厘米=10毫米、1英寸=2.54厘米=25.4毫米。

另外要弄清楚所谓的宽、高分别代表的是屏幕中的横和竖。比如，10cm×10cm的图像就是一个正方形图像，10cm×20cm的图像就是一个竖版的长方形图像，20cm×10cm的图像就是一个横版的长方形图像。

如果在设置尺寸后想要将几张图像的尺寸进行比较，必须要保证这些图像的分辨率为相同数值、相同单位，否则无法进行比较。

图像的像素大小可以决定图像的尺寸大小。除了在"文件"菜单下设置常规尺寸以外，还可以设置图像的像素大小，也就是将单位选择为像素。此时设置的图像就是根据像素的多少来进行计算的，也就是大家平时所看到的一些网站规定的上传限制为"800像素×600像素"，其实这就是图像的像素大小。

当然在"图像大小"对话框中同样也可以去设置照片的像素大小，在图像大小中可以看

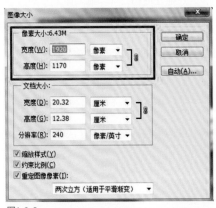

图1-2-3

到像素的多少，如图1-2-3所示。

在"图像大小"对话框中更改文件大小时需要注意"比例锁定"按钮，要将比利锁定，否则图像就会变形。

图像的分辨率除了影响了照片的清晰度以外还影响了图像文件的尺寸大小，当两张照片的尺寸完全相同时，那么分辨率高的图像就会大，反之就会小。因为图像像素的大小就是由分辨率与尺寸相乘得到的，所以分辨率的高低也会影响图像尺寸的最终大小。不过设置分辨率时不能只关注数值的大小，还要看清分辨率的单位是否设置合理，如图1-2-4所示。

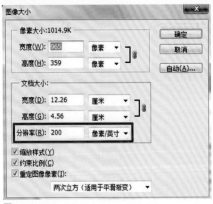

图1-2-4

在了解了影响照片尺寸的因素之后，那么到底通过哪些方式能够改变或设定图像尺寸大小呢？接下来将讲解更改图像大小的一些操作方式。

第1种方法就是在"新建"文件菜单下利用"新建"命令进行设置，此时要考虑到尺寸数值的设置、尺寸单位的选择、分辨率数值的设置、分辨率单位的选择，如果其中一项设置错误那么会功亏一篑。

第2种就是利用图像菜单下图像大小的设置，在里面可以随意更改图像的分辨率、尺寸、像素大小，不过在这里调整图像可能会改变图像的构图或会使图像发生变形，因此操作此命令时要看清楚锁定比例。

第3种就是利用裁切工具直接进行裁切，裁切工具是一个调整尺寸和构图的工具，

可以锁定尺寸、锁定比例，也可以随心所欲进行裁切。在本书后面的内容中对相关知识有很详细的讲解。

1.2.3 如何打开、关闭图像

想使用Photoshop软件对图像进行编辑修改，首先一个前提条件那就是在软件中将图片打开。

打开照片的方式有很多种，在这里只给大家介绍一些比较实用的方法。

第1种方法就是非常正式的打开方法，在"文件"菜单下选择"打开"命令，此时会出现"打开"对话框，从相应的照片存储的位置即可打开图像，如图1-2-5和图1-2-6所示。

图1-2-5　　　　　　图1-2-6

第2种方式就是直接在电脑桌面的"我的电脑"里找到照片，然后将照片拖动到任务栏（显示屏下方）里面Photoshop的任务图标上，当Photoshop软件打开后，将鼠标指针移动到软件界面里面后释放鼠标。不过此种方法自从Photoshop CS5版本以后变得不是很方便，打开第2张照片时可以直接将其放到软件界面，但是打开第3张以后的照片时就需要将鼠标指针移动到图层面板、工具栏、菜单上才能释放鼠标，否则将会以智能图层的方式打开图像。

第3种方式与第2种有点相似，在"我的电脑"中找到需要打开的照片后，将其拖动到电脑桌面的Photoshop软件图标上，此时也可以将图像打开。如果之前Photoshop没有启动，那将会自动启动Photoshop软件然后打开图像。

第4种方式就是利用鼠标操作或快捷键。直接在软件的灰色视图操作区域双击鼠标左键即可打开"打开"对话框，可以选择需要打开的照片。也可以使用快捷键Ctrl+O进行打开，其方式与利用鼠标操作相同。

关闭图像很简单，每张图像的标题栏的右边都有一个红色叉子标志，点击该按钮就可以关闭图像。如果在关闭时软件提醒需要保存，那么一定要选择保存，否则所有之

前的编辑操作都会丢失，有关文件保存的内容将在后面详细介绍。也可以利用快捷键

Ctrl+W关闭单个图像。

1.2.4 照片文件的存储及存储格式

在进行图像修饰后是必须要对修饰完的照片存储的，如果不存储那么图像将恢复到

原始效果。下面就给大家介绍一下图像存储的方式及各种存储格式。

一张照片处理得再好，如果不进行存储那也是徒劳无功，想要将修好的照片正确存

储也是一门学问，这就要求大家了解Photoshop软件中的存储命令。软件中有3个进行存

储的命令，这3个命令各有不同，每个都有优势也都有劣势。选择正确的存储命令可以

使后期操作变得轻松、愉悦，一旦选择错误也许会带来很多麻烦。

在Photoshop软件的"文件"菜单下面
有3个存储用的命令，一个是"存储"（快
捷键Ctrl+S）、一个是"存储为"（快捷键
Ctrl+Shift+S）、一个是"存储为Web所用格
式"（快捷键Alt+Ctrl+Shift+S），如图1-2-7
所示。

图1-2-7

这3个存储命令都是对图像操作进行存储的，不过每一个都有不同的作用。

先说一下"存储"命令，该命令也叫作直接存储命令，如果在修图过程中没有涉及图

像的通道，没有增加图层，那就可以直接使用"存储"命令对图像进行存储。存储方便、

简单是这个命令的优势，而"存储"命令的劣势就在于直接存储会将原始的照片进行覆

盖，一旦选择了这个命令进行存储那么原始的图像就没有了。所以这就要求大家对修图

有十足的把握后才能直接存储，否则后悔都来不及。所以笔者建议大家使用"存储为"

命令，虽然麻烦一点但是更安全、可靠。

"存储为"命令是存储命令的高级存储形式，无论之前的操作是否涉及图层或通道

都可以直接使用"存储为"命令，这个命令最大的优势就是可以自定义存储的路径、格

式、名称，这样一来就不会覆盖原始图像了，软件会自动以一个新的文件进行存储，如

图1-2-8所示。

图1-2-8

第3个就是"存储为Web所用格式"命令，此存储命令只针对网络动画的存储，也就是GIF格式的图像，在此不做详解，会在后面的内容里解释。

在学习了存储的命令后应了解存储的格式，对于图像的文件格式是有很多种的，不过摄影后期行业所涉及的并不是很多，笔者只将经常用到的几种图像文件格式进行讲解。希望大家能够了解每种存储格式的优缺点，也记住每种格式的用处。

1.RAW 格式

RAW的原意就是"未经加工"，可以理解为： RAW图像就是CMOS或CCD图像感应器将捕捉到的光源信号转化为数字信号的原始数据，RAW文件是一种记录了数码相机传感器的原始信息，同时记录了由相机拍摄所产生的一些元数据文件（Metadata，如ISO的设置、快门速度、光圈值、白平衡等）。RAW是未经处理也未经压缩的格式，可以将RAW概念化为"原始图像编码数据"，或是将其更形象地称为"数字底片"。

RAW文件几乎是未经过处理而直接从CCD或CMOS上得到的信息，通过后期处理，摄影师能够最大限度地发挥自己的艺术才华。

RAW文件并没有白平衡设置，但是真实的数据也没有被改变，就是说操作者可以任意调整色温和白平衡，并且是不会有图像质量损失的。

颜色线性化和滤波器行列变换在具有微处理器的电脑上处理得更加迅速，这允许应用一些相机上所不允许采用的、较为复杂的运算法则。

虽然RAW文件附有饱和度、对比度等标记信息，但是其真实的图像数据并没有改变。用户可以自由地对某一张图片进行个性化的调整，而不必基于一两种预先设定好的模式。

也许RAW最大的优点就是可以将其转化为16位的图像，也就是有65536个层次可以被调整，这对于JPG文件来说是一个很大的优势。当编辑一个图像时，特别是需要对阴影区或高光区进行重要调整时，这一点非常重要。

根据此种格式的优势就可以得出一个结论：在进行拍照时应尽量选择RAW格式加JPEG格式进行拍摄，以方便后期的调整。

大家已经知道RAW文件格式的优势，但也不能忽略了它的缺陷，此种格式最大的缺陷就是能够直接打开的软件比较少，有时候Photoshop软件也不能直接打开高于自身版本的RAW格式的图像，这一点给广大摄影爱好者带来了很大的困扰。

解决打开RAW文件的问题，可以采取相机自带配套资源里的软件进行读取转换格式，可以采取升级Photoshop版本的方式打开，也可以利用一些非主流的图像处理软件进行打开转换。

2.PSD 格式

PSD/PDD是Adobe公司的图形设计软件Photoshop的专用格式，PSD文件可以存储成RGB或CMYK模式，还能够自定义颜色数并加以存储，还可以保存Photoshop的层、通道、路径等信息，是目前唯一能够支持全部图像色彩模式的格式。

PSD的优势是可以对图像的图层等信息进行存储，方便以后对图像继续进行修改。在大多平面软件内部可以通用（如Corel DRAW、Adobe Illustrator等），另外在一些其他类型编辑软件内也可使用，例如Microsoft Office系列。但是此种图像格式体积庞大、占用空间大，打开速度慢。而且PSD格式的图像文件很少为其他软件和工具所支持，所以在图像制作完成后，通常需要转化为一些比较通用的图像格式，以便于输出到其他软件中继续编辑。PSD文件用Photoshop打开，是Photoshop专有的位图文件格式。

3.TIFF 格式

TIFF（Tagged Image File Format，标签图像文件格式）是一种比较灵活的图像格式，文件扩展名为TIF或TIFF。该格式支持256色、24位真彩色、32位色、48位色等多种色彩位，同时支持RGB、CMYK及YCbCr等多种色彩模式，支持多平台。

TIFF文件可以是不压缩的，文件体积较大，也可以是压缩的，支持RAW、RLE、LZW、JPEG、CCITT3组和4组等多种压缩方式。TIFF格式是Macintosh（苹果电脑）上广泛使用的图形格式，具有图形格式复杂、存贮信息多的特点。3ds Max 中的大量贴图就是 TIFF 格式的。TIFF 最大色深为 32bit，可采用 LZW 无损压缩方案存储。 TIFF 格式可以制作质量非常高的图像，因而经常用于出版印刷。它可以显示上百万种颜色（尽管灰度图像仅局限于 256 色或底纹），通常用于比 GIF 或 JPEG 格式更大的图像文件。如果要在一个并非创建该图像的程序中编辑图像，以这种格式保存将很有帮助，因为多种程序都可以识别它，用于在应用程序和计算机平台之间交换文件。

TIFF 是一种灵活的位图图像格式，几乎受所有的绘画、图像编辑和页面版面应用程序的支持。而且，几乎所有的桌面扫描仪都可以生成 TIFF 图像。 TIFF 格式支持具有 Alpha 通道的 CMYK、RGB、Lab、索引颜色和灰度图像，及无 Alpha 通道的位图模式图像。Photoshop 可以在 TIFF 文件中存储图层；但是，如果在其他应用程序中打开此文件，则只有拼合图像是可见的。

由于 TIFF 格式所存储的数据信息比较全面，仅次于 RAW 格式，所以在摄影行业很多人都喜欢将 TIFF 格式作为一个格式转换的平台，先将 RAW 格式转换为 8 位通道的 TIFF 格式后再进入 Photoshop 进行编辑。

4.JPEG 格式

JPEG（Joint Photographic Experts Group，联合图像专家组），文件后缀名为 ".jpg" 或 ".jpeg" 是最常用的图像文件格式，由一个软件开发联合会组织制订，是一种有损压缩格式，能够将图像压缩在很小的储存空间，图像中重复或不重要的资料会被丢失，因此容易造成图像数据的损伤。尤其是使用过高的压缩比例，将使最终解压缩后恢复的图像质量明显降低，如果追求高品质图像，不宜采用过高压缩比例。但是 JPEG 压缩技术十分先进，它用有损压缩方式去除冗余的图像数据，在获得极高的压缩率的同时能展现十分丰富、生动的图像，换句话说，就是可以用最少的磁盘空间得到较好的图像品质。

由于 JPEG 格式具有很小的存储空间，所以大部分的图像可以采取此格式进行存储来节省磁盘空间，在摄影行业进行照片输出时也采用了这种格式。

5.GIF 格式

GIF（Graphics Interchange Format）即"图像互换格式"，也就是现在大家在互联网经常看到的一些简单动画的格式，根据不同帧的变化实现动画效果，常用于网页动画和即时聊天软件表情。不过此种格式可以作为动态摄影的载体格式，摄影领域也是经常使用的。

6.PNG 格式

PNG（Portable Networf Graphics）即"可移植性网络图像"，是互联网的最新图像文件格式。此种格式存储空间比较小，但是属于有损压缩格式。最为值得使用的是可以单层存储且没有背景的抠完图的图像，方便摄影后期调取。由于PNG非常新，所以目前并不是所有的程序都可以用他来存储图像文件，但Photoshop可以处理PNG图像文件，也可以用PNG图像文件格式存储。

7.BMP 格式

BMP（Bitmap）是Windows操作系统中的标准图像文件格式，可以分成两类：设备相关位图（DDB）和设备无关位图（DIB），使用范围非常广。它采用位映射存储格式，除了图像深度可选以外，不采用其他任何压缩，因此BMP文件所占用的空间很大。BMP文件的图像深度可选1bit、4bit、8bit及24bit。BMP文件存储数据时，图像的扫描方式是按从左到右、从下到上的顺序。由于BMP文件格式是Windows环境中交换与图有关的数据的一种标准，因此在Windows环境中运行的图形图像软件都支持BMP图像格式。

8. 文件格式之间的转换

文件格式的转换方法有多种，根据使用的软件来划分的。在Photoshop中采取打开后另存为的方式就可以选择不同的格式进行保存来完成格式的转换。如果是在其他软件中进行转换，根据软件不同所采取的步骤也是不同，在此不作详解。

关于Photoshop基础理论先介绍到这里，后面的内容中还会学习更多的知识，希望大家能够熟悉并掌握以上这些理论，对以后的学习会有很大帮助。

1.3
Photoshop 软件常用工具、命令

任何软件都有相应的工具和命令，在Photoshop软件中也不例外，而且该软件中的工具和命令非常重要。所有的操作几乎都离不开工具及命令的使用，所以下面就带领大家先去认识和熟悉最常用的工具、命令。

1.3.1 选择类工具的运用及选区的运算

选区在Photoshop中起着不可忽视的作用，在很多操作中都需要有选区的辅助。如果没有了选区，那Photoshop就失去了精确处理的意义，也就不能在图像处理领域中跃居首位了。只有懂得了选区的编辑和运算才能更准确地对图像进行修饰和调色，也就会

使大家的作品更加精致。

下面将进入到软件的工具学习，学习工具是有窍门的，不能死记硬背。掌握科学的学习方法能够事半功倍，在讲解工具之前先给大家分享一下学习各个工具的经验。

学习工具的使用不能盲目去学，首先要记住每个工具的图标和名称，就如同大家认识一个人一样，要记住他（她）的相貌和姓名。当学习者认识一个工具的图标和名称后就可以了解这个工具的功能了，要知道工具是做什么用的，能够修饰或绘制什么内容。此时相当于了解所认识的人一样，要知道那个人是做什么工作的。接下来就要了解工具的操作方式和操作方法。最后要知道一个工具的属性是如何设置的，了解了这些内容后基本上大家就掌握了这个工具了。

下面将介绍Photoshop软件中的选区工具，在软件中的选区工具不多，但是每个都需要重点学习，这些工具对于图像调整都非常重要。

1. 移动工具

在工具栏的最上面有一个工具叫作移动工具。移动工具在整个软件中应用的频率很高，它的主要功能就是移动照片，具体讲就是可以将照片从一个文件直接拖曳到另外一个文件。如果文件中有多个图层，那么该工具就又多了一个移动图层的作用。当图像中有选区时，就可以利用该工具移动选区中的图像。移动工具有一个属性栏，在属性栏中可以设置相应的属性以便更好地使用移动工具，如图1-3-1所示。

2. 选区工具

第二组工具就是属于选区工具了，这一组选区工具属于标准形状选区工具，只能绘制圆形、椭圆形、矩形和正方形，如图1-3-2所示。当鼠标点击矩形选框工具时，按住鼠标左键不放就可以将此组工具中的隐藏工具打开，在工具右下角凡是带有一个黑色小三角的就代表这组工具中存在着隐藏工具。

图1-3-1

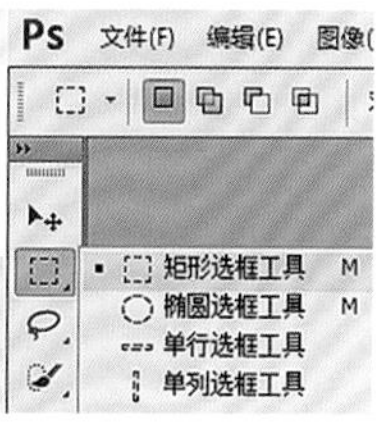

图1-3-2

（1）矩形选区工具

矩形选取工具是绘制长方形和正方形新选区的选区工具，当选择工具后按住鼠标左键并拖曳即可绘制出选区。一般此工具只用于绘制标准的选区，尤其是需要绘制图形时是离不开此工具的。矩形选框工具绘制长方形选区的操作比较简单，但是要想绘制出正方形选区就需要借助键盘的Shift键来配合完成了，不过此时还得注意几点才能准确绘制出正方形选区。一个是在选区属性栏中将选区的属性定义为新建选区，如图1-3-3所示。再者就是当按住Shift键绘制出正方形选区后一定要先释放鼠标再释放键盘，否则无法绘制出标准的正方形选区。

既然能绘制出正方形选区了，那椭圆形选区工具的操作与矩形选区的操作如出一辙，只是所绘制的形状不同，在此不做重复介绍。

当绘制出选区后就可以对选区做相应的操作了，选区具体起到什么作用呢？其实选区就是给图像划定一定的界限范围，这样就可以对不同的区域进行操作。只要有选区，那所有的操作都会在选区中进行，选区外的部分是不会受到任何影响的，这是Photoshop软件中针对局部操作必须所用的。例如，在文件中建立一个选区，利用画笔工具涂抹，只有选区中会出现涂抹的痕迹，而其他区域没有任何被涂抹的痕迹，如图1-3-4所示。

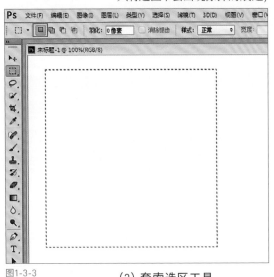

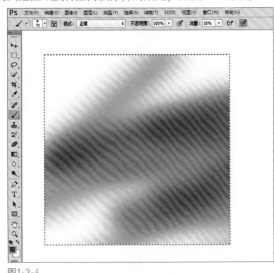

图1-3-3

图1-3-4

（2）套索选区工具

再往下一组工具是套索选区工具，在这组工具中一共有3个工具，分别是自由套索工具、多边形套索工具、磁性套索工具。每一个工具都有其优点和缺陷，在不同的情况下应使用不同的工具来绘制选区。

① 自由套索工具

自由套索工具，该工具不同于前面介绍的矩形选区和椭圆形选区工具，它不受绘制形状的限制，可以随心所欲地绘制选区，也可以根据需要绘制相应的选区，所以该工具叫作自由套索工具。绘制方法也比较简单，只要按住鼠标左键并拖曳即可绘制出选区，如图1-3-5所示。

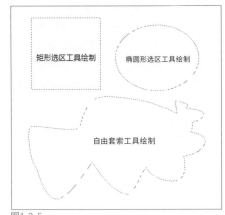

图1-3-5

自由套索工具的最大特点就是没有形状限制，可以随意绘制选区，在对图像调色时经常会使用该工具进行大范围的选区绘制。不过这个优点也正好是他的缺陷，由于绘制选区不受限制这也就决定了自由套索工具是无法绘制精致选区的，因此在对图像进行抠图时几乎用不到此工具。

② 多边形套索工具

该工具是套索工具组中使用频率最高的一个，因为相对于这组工具，此工具在选择精致程度上还是比较好的。多边形套索工具在绘制的时候是根据一条条直线围割而成，直线越短则越精致，一些简单的抠图都会用到此工具，如图1-3-6所示。

图1-3-6

③ 磁性套索工具

磁性套索工具是一个比较有魔术性的选区工具，标识上带着一个小磁铁的标志，当然它所具备的磁性是针对图像色彩的边缘来讲的，当对象边缘清晰、对比度强的时候磁性套索在选择上占有了一定的优势，使用方便。可是当对象边缘模糊不清的时候此工具就不能发挥作用。使用这个工具只需要选择起始点，然后鼠标指针沿着对象边缘移动即

可，不过当遇到拐弯或磁性套索偏移的情况还是需要单击鼠标以进行手动定位，如图1-3-7所示。

图1-3-7

操作者使用多边形套索工具或磁性套索工具绘制选区时一旦点击位置发生错误就需要重新选择位置，返回的操作方法就是将绘制的错误的点删除并重新绘制，需要使用键盘的Backspace键。

3.选取工具属性设置

讲解以上这几个选区工具后很有必要介绍选区工具的属性设置，其实每一个工具都有相对应的属性设置，不过这几个工具的属性几乎相同，最起码常用的属性设置是相似

的，那我就综合起来说一下，先了解一下每个属性按钮或选项的名称，如图1-3-8所示。

图1-3-8

（1）新建选区按钮（默认）

选中此按钮，如果图像中没有选区，可以新建出一个选区。如果图像中有选区，当绘制选区时，以前的选区会消失，只保留最后绘制的选区。

（2）加选按钮

选中此按钮，如果图像中没有选区，可以绘制一个新选区。如果图像中有选区，那新绘制的选区会和以前的选区同时存在。如果两个选区有相交，那么两个选区会结合为一个更大的选区。如果没有选中此按钮，也可以借助键盘的Shift键实现，不过此时是无法绘制正方形和正圆形选区的，此时Shift键起的作用只是加选。

（3）减选按钮

选中此按钮，如果图像中没有选区，可以绘制一个新选区。如果图像中存在选区，那新绘制的选区可以对以前的选区进行裁切，也就是减掉后来选区所选中的以前选区部分。如果没有选中此按钮，也可以借助键盘的Alt键实现。

（4）取交集按钮

选中此按钮，如果图像中没有选区，可以绘制新选区。如果图像中有选区，那新建的选区必须与原有选区相交才能成立，否则会弹出警示框，提示选区不成立。两个选区相交的部分会保留下来，也就是两个选区共存的选区被保留。

（5）羽化设置

羽化是用来柔和选区边缘过渡的，当羽化值为0时建立的选区边缘为清晰的实边缘。如果设置了数值选区边缘，将会根据数值的大小有不同的柔和过度，数值越大柔和性越强。此时的羽化功能等同于"编辑|修改|羽化"菜单命令，只是这里是先设置羽化再绘制选区，而"羽化"命令是先绘制选区后设置羽化。虽然二者效果相同，但不建议

在属性栏设置选区的羽化，如果有需要可以进入"选择"菜单去设置选区的羽化。

（6）消除锯齿选项

此选项是为了使选区边缘光滑、圆润，消除一些小锯齿。只有在圆形选区中才会有此选项的设定，矩形选框所绘制的选区都是直边所以不需要消除锯齿。

（7）调整边缘按钮

此按钮是对选区进行更高级的设定调整，后面有详细的相关内容介绍，此处不详细讲解。

（8）快速选择工具

该工具是Photoshop后期版本中新增的一个工具，它借助了魔棒工具的区域性选择特性，根据拖曳鼠标所经过的区域进行同色（或相近色）选择，只要色彩没有明显差异都会被选择上。因此快速选择工具适合画面中色彩相对一致或接近的照片，如果背景中图案复杂色彩变化繁多就不适合此种工具了。

图1-3-9

下面看一下快速选择工具的属性，如图1-3-9所示。

在快速选择工具的属性中同样也有对选区进行运算的按钮，只不过在这里按钮的图标不同而且只有3个，缺少了"交集"按钮，因为此工具无法操作交集。另外不同于其他选区工具的是此工具还多了一个类似画笔笔头的设置，在此可以设置快速选择工具笔头的粗细。笔头越大则选择的范围越大，反之选中的范围越小。

（9）魔棒工具

自从有了Photoshop软件就有魔棒工具，此工具也算是一个"土著型"工具了。很多刚刚接触Photoshop软件的朋友很喜欢使用此工具，因为操作简单，选择方便。但此种工具受限制比较多，必须是单色背景和边缘清晰、整齐的照片才适合此工具。对于复杂的图像，即便使用了魔棒工具选区其效果也不令人满意。魔棒工具的属性比快速选择工具的属性稍显复杂，如图1-3-10所示。

图1-3-10

以上介绍的是选择类工具，希望大家能够多多练习，将每一个选择工具都熟悉掌握，以后的工作中是离不开选区的。

1.3.2 基础修图工具的设置及运用

修图工具在Photoshop软件中属于最为基本、最为重要的工具。因此笔者在第一章的内容中就让大家认识并熟悉相关的修图工具，修图工具在Photoshop工具中占有很大的比例，在整个图形的调整过程中使用频率最多。

无论是风光还是人像照片，都需要使用修图工具对图像进行修饰，可以去掉画面中的污点，使画面变得干净、精致。Photoshop中的的修图操作分为工具修图和命令修图，工具有污点修复画笔、修补工具、仿制图章工具等。修图命令主要就是"编辑"菜单中的内容识别填充。

首先介绍的是修饰类的修图工具，这些工具都存在于软件的工具栏中，如图1-3-11所示。

图1-3-11

修饰类工具和选区工具一样，都有自己的属性，想很好地使用工具就必须要学会如何设置其属性。在介绍工具时依然会介绍每个工具的属性设置，希望大家记住每个工具的属性设置。

1. 污点修复画笔工具

从很早的Photoshop版本中就有污点修复画笔工具了，不过以Photoshop CS5版本后的工具最为好用，以前的版本中的污点修复画笔工具是没有内容识别选项的，使用起来也不是很顺手。在此建议大家最好安装Photoshop CS5后的版本，因为后面讲到的很多功能在之前的Photoshop版本是没有的。

污点修复画笔工具是软件操作中最简单的一个修饰工具，他主要用于修饰画面中最为明显且面积比较小的污点，如青春痘、疤痕等。因为此工具操作简单，效果明显，一直受到大家青睐。当然，想用好此工具必须要正确设置其属性。对于污点修复画笔工具的属性设置其实也很简单的，如图1-3-12所示。

图1-3-12

首先设置一下画笔的硬度，调整到50%左右就可以了，这是为了减少修饰后的边缘痕迹。其余的选项一般保持默认就可以，不过为了防止以前有误操作，还是要检查一下。

设置"模式"正常，在"类型"选项中选中"内容识别"单选项，建议勾选"对所有图层取样"复选项，勾选后可以在修饰之前新建一个空白图层，目的是保护原始照片不被破坏。

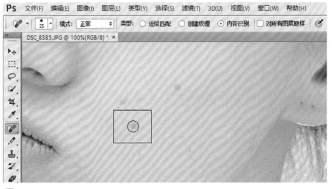

图1-3-13

设置好这些属性就可以使用污点修复画笔了，关于污点修复画笔的操作没有什么技巧可言，只需要调整画笔笔圈的大小，然后直接在需要修饰的部分点击即可。不过此时画笔笔圈的大小尤为关键，只需要将笔圈设置得比需要修饰的污点稍大即可。缩放笔圈大小的快捷键为键盘中的左右大括号（输入法为英文的前提下），如图1-3-13所示。

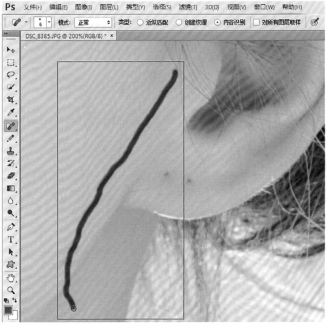

图1-3-14

不过照片中的污点或需要修饰的部分形状不同，在使用污点修复画笔时要根据照片的情况去适当调整。如果需要修饰的是发丝或长条状的污痕，那只需要调整笔圈大小（笔圈设置得比需要修饰的部分稍大即可），然后直接按住鼠标左键进行涂抹，如图1-3-14所示。

图1-3-15

以上这些就是污点修复画笔的属性设置及应用，接下来利用污点修复画笔简单修饰一下照片并进行比较，如图1-3-15所示。

2. 修补工具

自从有Photoshop软件以来就有了修补工具，此工具的主要作用同样是用来修饰画面中比较明显且面积不是很大的瑕疵、脏点等部分。从Photoshop8.0版本开始，修补工具多了预览功能，一直延续到现在的Photoshop CC版本。预览功能能够帮助操作者清晰、准确地找到合适的位置来进行修饰。

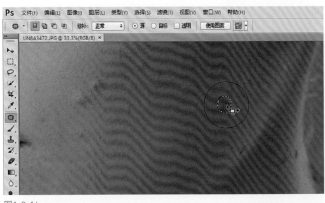

图1-3-16

修补工具的操作比污点修复画笔复杂一些，需要先用修补工具圈选想修掉的部分，但是所选的区域不能太大，只要能包括要修掉的部分就可以，此时的修补工具相当于套索工具。当建立选区后，将鼠标指针移动到选区里，可以看到会出现一个向右的黑色箭头，这时按住鼠标左键并拖曳即可进行修补，如图1-3-16所示。

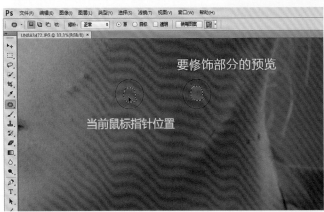

图1-3-17

在移动修补工具时，鼠标指针移动到一个位置原始修补区域就会出现相应的预览，这样就可以判断鼠标指针所在位置的颜色、明度、纹理是否可以进行修补，如图1-3-17所示。有了预览功能，修图操作的准确度更高，尤其是修饰一些带有纹理或需要拼接缝隙的图像时，可以凭借预览功能完美拼接。

当然，修补工具除了可以修饰图像以外还可以对选中部分做复制操作，不过该工具在摄影后期领域主要还是用于修饰操作，因此一些其他功能不做介绍。

3. 内容感知移动工具

此工具的诞生可以说是修饰类工具的一个新革命，虽然大家可以利用其他方式来实现该工具的功能，但不得不介绍一下此工具的特殊性。内容感知移动工具主要有两大功能，一是可以对选中部分做复制操作，二是可以对选区部分做移动处理。两个操作都非常简便，比较适合初学Photoshop的朋友们。

图1-3-18

一般情况下这个工具同套索工具差不多，可以使用他圈选想要处理的部分。当选取选区后，就可以利用该工具进行移动了，如果在属性栏选择"扩展"那就是对选中部分做复制的操作，如图1-3-18所示。

图1-3-19

如果选择了"移动"，那会将圈选部分移动到其他位置，如图1-3-19所示。

该工具的使用相对简单，不过对于细节的处理还是要仔细一些，在属性栏的"适应"选项中选择"非常松散"，这样操作后的边缘痕迹相对柔和一些。如果以后修饰照片的过程中需要对图像中的一部分内容进行移动或复制，就可以选择内容感知移动工具了。

4.仿制图章工具

从有Photoshop软件开始就有了仿制图章工具，可以说该工具的作用极其重要。只要是修饰照片就必须要用到此工具，无论是人像、风光还是产品照片，它的主要作用就是用于修饰画面中的瑕疵、杂质、颗粒等。人像修饰中用到仿制图章工具最多，作用也最大。仿制图章工具可以将人物皮肤修饰得光滑且有质感，是皮肤修饰必用工具之一。

图1-3-20

使用仿制图章工具不能急于求成，要勤于练习方可驾驭。当然仿制图章工具的属性设置也不能忽视，使用前一定要设置好其属性，如图1-3-20所示。对于属性设置总结以下几点。

① 图章画笔笔头只能选择为柔边缘画笔，且硬度为0%。

② 将图章工具属性栏里面的仿制源面板中的显示叠加前的对钩取消，否则会对修饰部分有遮挡。

③ 仿制图章工具的混合模式选择为正常模式，其他模式会对仿制图章工具修饰有很大影响。

④ 图章不透明度的设定要随修饰的照片不同而改变，修饰皮肤一般设置为30%左右，修饰背景等可以适当提高。

⑤ 最好不要改变仿制图章工具流量设置，如果改变了流量会影响仿制图章工具的准确性。

⑥ 样本位置选择当前和下方图层，方便修饰后的调整。

将以上6点设置完成后即可完成仿制图章工具的准备工作，之后就是对仿制图章工具的操作了。在操作上需要很高的技巧性才能将仿制图章工具使用得游刃有余。

仿制图章工具的使用方法其实很简单，几句话就可以说清楚。当设置属性后，按住键盘中的Alt键，此时鼠标指针变成一个吸取工具图标。从想要修饰的部分的旁边找到

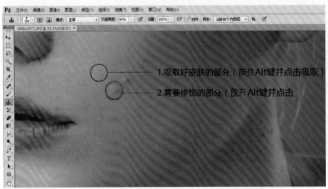

图1-3-21

好的部分进行吸取，然后鼠标指针回到需要修饰的位置，放开Alt键并放开键盘，单击鼠标进行遮盖，如图1-3-21所示。

由于不透明度的设置不可能遮盖一次就能修饰好，需要多次点击鼠标。不过不要总在一个地方点击，可以在附近点击来达到四周融合度高而没有痕迹的效果。这是需要长时间练习才可以做到的，想要很好地使用仿制图章工具一定要要有耐心，有恒心，有信心，有细心。

对于基础类修饰工具先介绍这么多，在后面的内容中还会进行详细介绍。每一个修饰类工具都有自身的优点，不同的照片修饰利用不同的工具，要多练习，多从中积累经验。

1.3.3 基础调色命令的认识及作用

在摄影后期领域对照片色彩的调整可以说占据了整个照片处理的很大一部分比例，每一幅作品几乎都是离不开色彩处理的。然而进行色彩处理就必须要用到相应的调色命令，调色命令在Photoshop软件中有很多，都存在于"图像"菜单下的"调整"子菜单中，如图1-3-22所示。

图1-3-22

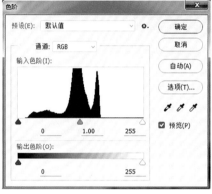

图1-3-23

图1-3-24

虽然命令很多，但是在这里还是只介绍一下最常用的几个基础的调色命令，如色阶、曲线、色彩平衡、色相/饱和度、可选颜色。

这几个命令在后期的调整中相对于其他命令而言使用频率是比较高的，而且对图像色彩的处理作用也是很大的。学会这几个基础的调色命令是学习调色的第一步。

1. 色阶

"色阶"命令位于Photoshop软件的"图像"菜单中的"调整"子菜单里面，快捷键是Ctrl+L，该命令属于调色命令，可以对照片的色彩及明暗对比度进行调整。但在摄影后期领域，色阶一般还是来调整图像的明暗和对比，很少通过"色阶"命令去调整色彩。"色阶"对话框中有直方图，如果操作者能够读懂直方图就可以利用直方图来判断画面明暗及对比度的情况，其实直方图也并不是深不可测，只要弄懂直方图中图形的形状表示什么，直方图中坐标表示什么，就会明白直方图的含义，如图1-3-23所示。

直方图中横轴表示的是图像色彩从暗到亮的变化分布，也就是说越靠近左侧则画面中色彩越暗，反之越亮。纵轴表示的是在某一明度阶层上所含有的色彩数量，如果在直方图中某一区域的图形峰值超出直方图范围，则表示次阶层过度，根据此原理可以分析图1-3-23的明暗效果：直方图中显示右侧无图形则表示该图像缺少最亮颜色，最左侧无图像则表示该图像无最暗颜色，中间灰度区域峰值超出范围则表示图像灰度阶层过度，所有直方图形处于灰度区域及暗部区域则表示图像整体偏暗。那么分析直方图得到的结果是：该图像对比度很弱，整个画面以灰度为主，黑白明暗反差较弱，属于雾化类图像，并且整体画面效果偏暗，如图1-3-24所示。

通过对直方图的分析可以得知图像的效果，当然通过对直方图的修改就可以改变图像的效果，在色阶中调整色彩的明暗及对比通常以调整直方图下面的3个滑块来实现。黑色滑块表示画面中的暗部色彩，向右调整即可加深暗部色彩，白色滑块表示画面中亮部色彩，向左调整即可提亮色彩，如此调整就能够加大画面对比度。灰色滑块表示画面整体的灰度色彩，左右调整即可调整整个画面的明暗，向左调整提亮画面，向右调整压暗画面。

按照此种调整思路，将前面分析的图1-3-24做一下调整，具体调整方式为：将黑色滑块向右调整，将白色滑块向左调整，将灰色滑块向左调整，如图1-3-25所示。最后调整的效果画面的对比度增加，明度增加，如图1-3-26所示。

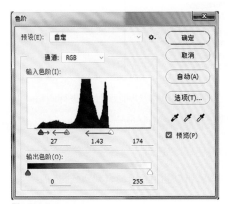

图1-3-26

图1-3-25

这就是"色阶"命令对图像明暗对比的调整方式，要记住直方图所表示的意义，记住调整滑块的规则。

2. 曲线

曲线可以说是调色命令中应用最为广泛的一个命令了，大多数的后期工作者都喜欢使用曲线来调整画面的明暗、对比及其色彩。"曲线"命令快捷键是Ctrl+M，曲线对图像的调整变化程度相对于其他命令来说较为强烈，再加上曲线里可以对色彩的不同明度区域分别调整，最终曲线成了最受欢迎的一个色彩调整命令。

其实大家也可以将曲线看成是色阶的另一种表现形式，因为他们都可以对图像的明暗、对比及色彩进行调整。色阶之所以不用于调色，只是因为色阶对于细节的处理不是很到位，并不是色阶本身不能对色彩进行调整。可是曲线就不一样了，曲线是可以对色彩进行细节调整的，因此通常会使用曲线来进行色彩的调整。但是在调整明暗、对比及直方图的分析上来讲，曲线和色阶有着千丝万缕的关系。先去认识"曲线"对话框，如图1-3-27所示。

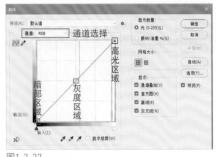

图1-3-27

在曲线中同样有通道选择按钮，可以根据需求选择不同通道。在RGB总通道下调整曲线不同区域时可以改变照片明度及对比度，当选择分通道时可以调整照片色彩倾向。在RGB总通道下将高光点向左移动，暗部点向右移动，可以增加画面对比度，当然也可以调整接近高光点和暗部点的区域。调整中间灰度区域可以改变画面明暗，向斜上方拖曳可以提高明度，向斜下方拖曳可以降低明度。

其实曲线中最难理解的就是色彩的调整，首先大家需要了解曲线中调整色彩的规律。有很多朋友总是记不住这个调色规律，导致曲线使用起来很别扭。接下来以RGB色彩模式为例，分析一下如何用曲线中的分通道对色彩进行调整。

首先选择分通道中的R通道，此通道记录的是画面中三原色中的红色色值。无论目前原图色彩如何，可以认为三原色（红、绿、蓝）处于平衡状态。如果将R通道的曲线提升（通常是提升中间点），那整个画面的红色色值就会增加，整个画面出现偏红现象，如图1-3-28所示。

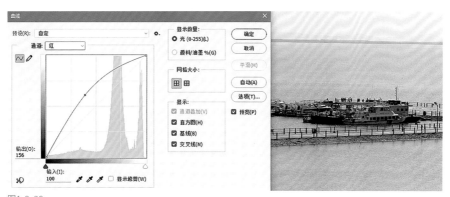

图1-3-28

反过来将R通道的曲线中点向斜下方调整，此时的三原色平衡被打破，红色色值减少，相对来说等于绿色、蓝色增加，蓝色与绿色混合后会得到青色，所以画面会出现偏青色的现象，如图1-3-29所示。

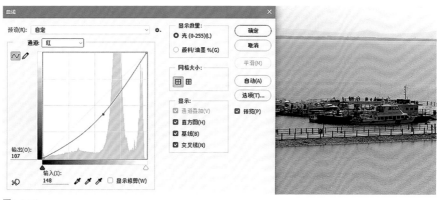

图1-3-29

接下来进入绿通道，此通道记录的是绿色色值。同理，当提升曲线时，画面出现偏绿色的效果，反之会出现偏洋红色的效果，如图1-3-30和图1-3-31所示。

图1-3-30

图1-3-31

最后进入蓝通道，向上提升曲线得到偏蓝色的效果，向下调整曲线得到偏黄色的效果，如图1-3-32和图1-3-33所示。

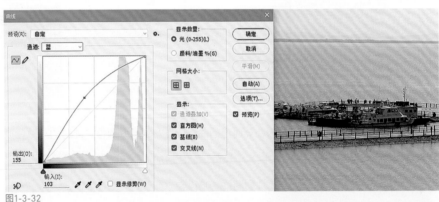

图1-3-32

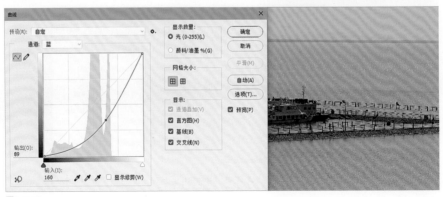

图1-3-33

从上面的色彩变化中大家应该可以总结出曲线调色的变化规律了，其规律就是：减红加青，减绿加洋红，减蓝加黄。这个规律一定要记清楚，以后的调色过程中几乎都会应用到，其实这就是色彩的互补原理。

3. 色彩平衡

色彩平衡是图像处理Photoshop软件中一个重要环节，通过对图像的色彩平衡处理可以校正图像色偏、过饱和或饱和度不足的情况。也可以根据自己的喜好和制作需要调制需要的色彩，更好地完成画面效果，该功能应用于多种软件和图像、视频制作中。

"色彩平衡"命令可以用来控制图像的颜色分布，使图像达到色彩平衡的效果。该命令的快捷键为Ctrl+B。色彩平衡调色是根据前面曲线中的调色原理，也就是色彩的互补原理。要减少某个颜色就增加这种颜色的补色，"色彩平衡"命令计算速度快，适合调整较大的图像文件。

其实色彩平衡在某种程度上类似于曲线的调整，同样色彩平衡也可以对照片中的暗

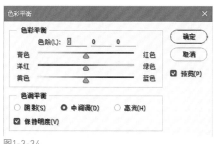

部、灰度、亮部单独作调整。点选想要调整的明暗部分，滑动互补色的滑块即可改变色彩。如果记不住曲线中的色彩互补，看一看色彩平衡界面就会一目了然了，如图1-3-34所示。

图1-3-34

色彩平衡除了可以做色彩校准以外还可以对照片的整体偏色进行调整，换句话说也就是在调色的最后环节可以给照片添加色调风格，可以将自己喜欢的色调加到照片中。

对于色彩调整最直观、最方便的就是色彩平衡，当需要某种色调，只需要调整对应滑块即可。比如，想得到一个蓝色调，只需要滑动黄蓝色中间的滑块，使其靠近蓝色，直到满意为止，如图所示1-3-35所示。如果想在蓝色中加点青色调，那只需要调整青红中间的滑块，使其靠近青色，直到满意为止。

图1-3-35

这就是色彩平衡原理，该命令是既直观又简单的一个调色命令，希望大家能够勤于练习，了解其调色原理，日后的工作与练习中是不可缺少色彩平衡的。

4. 色相 / 饱和度

"色相/饱和度"命令的快捷键是Ctrl+U。此命令对于色彩的调整不同于曲线、色阶、色彩平衡，曲线等命令是针对照片中某一原色的色值多少及色彩互补、混合原理来进行色彩变化调整的。而"色相/饱和度"命令是针对色彩三属性来进行调整的，色彩三属性包括色彩的色相、纯度、明度，在后面的调色原理内容中会详细介绍，此处只做简单介绍。

图1-3-36

"色相/饱和度"对话框，如图1-3-36所示。

在界面中可以看到有3个调整滑块，分别是色相、饱和度、明度。通过调整各个滑块来改变色彩，但是在调整时必须要了解这3个参数的意义。

色相：指的是色彩的相貌特征，平时大家对色彩的印象其实都来自于色相。比如，当提到红色、绿色、紫色等颜色时，大家在头脑中就会有这种颜色浮现，这就是想起了色彩的相貌，即为色相。改变色相就可以很容易地改变色彩，调整色相滑块即可调整色彩，其调整的范围是-180°~180°，正好是一个圆形的角度范围。这其实就是根据色相环来进行调整的，如图1-3-37所示。如果需要调整的颜色是红色，当调整滑块到一定角度时就会得到色相环中相对应角度的色彩。假设调整角度为90°（顺时针），那么红色调整90°后即可得到偏黄的绿色。

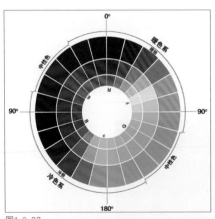

图1-3-37

饱和度：指的是色彩的鲜艳程度，也就是色彩的纯度。如果某个色彩不够鲜艳，那么可以提升饱和度的数值，向右移动滑块即可，最右边数值为+100。反之，如果某个色彩过于鲜艳，那就可以向左移动滑块，到最左边数值为-100，此时色彩消失成为灰度图像，如图1-3-38和图1-3-39所示。

图1-3-38

图1-3-39

明度：也就是色彩的明暗变化，其调整范围同样是-100~+100，为+100时图像最亮，达到纯白色，为-100时图像最暗，达到纯黑色。他的调整是可以改变画面明暗变化的，不过很少在"色相/饱和度"命令中去调整图像明度，因为这里的调整会降低图像的对比度，会使画面变得雾蒙蒙，如图1-3-40所示。

图1-3-40

除了这3个滑块的调整，在"色相/饱和度"对话框中还可以看到有色彩的选择，此处的色彩选择分为了红色、黄色、绿色、青色、蓝色、洋红，这些色彩的划分其实是针对原始画面的。意思是说当选择一种颜色进行调整时，只有画面中包含此颜色的部分才会有变化，其余色保持不变。当然也可以反过来思考，当需要调整画面中的某种颜色时，可以在此进行色彩选择，如果色彩不是很标准，可以通过界面中的吸管工具进行加选和减选。这样就可以详细调整画面的每一种色彩，对于画面调整的细腻化就在此决定了。

"色相/饱和度"命令可以说是必不可少的调色利器，希望大家认真、仔细地研究并练习。

5.可选颜色

目前没有用于使用"可选颜色"命令的快捷键，只能通过菜单命令来使用该命令。此命令可以说是整个调色命令中最为细腻的一个调色命令，使用该命令可以将画面中的任何一个颜色调到另外任何一个颜色。

可选颜色主要分为两大部分，一部分是色彩的选择，一部分是色彩的调整。有点类似于"色相/饱和度"命令里面对色彩的选择，只不过是比"色相/饱和度"命令多了白色、中性色、黑色的调整，如图1-3-41和图1-3-42所示。

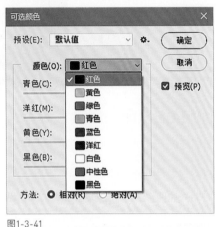

图1-3-41

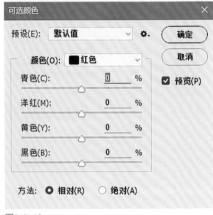

图1-3-42

色彩选择部分是选择在原图中想要调整的颜色，如果画面中的黄色效果不好，那么就选择黄色进行调整，调整时其他颜色不发生变化。色彩调整部分就是将所选择的色彩去做色彩的变化处理，其实大家仔细研究一下就可以发现，在可选颜色中对于色彩的调整依然应用的是色彩的互补原理。如果想使画面中的某一色彩偏向红色，直接减少青色就可以；如果想使某一色彩偏向蓝色，直接减少黄色即可。只是在可选颜色中色彩的直观上是以CMYK（青、洋红、黄、黑）4种颜色为调整参数的，其实他们分别对应了红、绿、蓝、白，也就是减少直观色可以得到对应色，如图1-3-43所示。

图1-3-43

可选颜色中还有一个部分是很多人不太理解的，就是相对和绝对，其实这两个选择只是调整程度上稍有差异。"相对"是根据整个参数的总量来计算的。例如，从50%洋红开始添加10%，则5%将添加到洋红，结果为55%的洋红（50%×10% = 5%）；而"绝对"是改变数值后，直接将这些数值添加到颜色中，是根据单独数值计算的，如果从50%的洋红开始，然后添加10%，洋红总共 60%。当然这个数值只是用来举例，在色彩调整时没有标准数值，艺术的效果根据自己的感觉走就行，还是要看调整的效果。无论使用的相对还是绝对，调好颜色是关键。

大家需要好好研究"可选颜色"命令在摄影后期领域，笔者比较喜欢使用曲线去调整画面的整体效果，使用色相/饱和度去调整画面的鲜艳效果，使用可选颜色去调整画面的色彩细节，笔者给这3个命令命名为"调色三剑客"。

说了这么多，这些命令在实际操作中到底该如何运用呢？接下来就为大家展示一下这几个调色命令的神奇作用。

（1）打开需要调整的风光照片（见图1-3-44），通过对照片的分析可以了解到画面缺少对比度，而且整个画面中的色彩纯度也不够，各个颜色不纯正，缺少明度。

图1-3-44

（2）执行"曲线"命令，在RGB通道下调整曲线，目的是增加画面的对比度。切记调整时单次调整程度不宜过大，否则容易导致色彩出现断层。调整的幅度可以参考图1-3-45。

图1-3-45

（3）调整后发现画面还是有点偏暗，于是再次打开曲线，将曲线中点适当上提来调整画面明度，如图1-3-46所示。

图1-3-46

（4）当画面明度几乎正常时先不要进一步调整明度，因为后面对色彩的处理会影响到明度。执行"可选颜色"命令，针对画面中的各个颜色进行调整。首先调整的是红色，在红色基础上再次加入红色、洋红、黄色，再适当加重红色明度，此时可以看到画面中的红色变得凸显了，如图1-3-47所示。

图1-3-47

（5）红色调整完毕后调整黄色，给黄色里面加入红色、洋红、黄色，然后提高黄色明度。这样会使画面中的黄色变得明亮鲜艳，如图1-3-48所示。

图1-3-48

（6）画面中存在一些绿色的树，不能忽视，继续调整，给绿色添加青色、绿色、蓝色、黑色，使树木变得更加浓郁，如图1-3-49所示。

图1-3-49

（7）接下来就是调整画面中的水面了，水的颜色是由青色和蓝色组成的，所以要调整水面就应该对这两种颜色进行调整，主要就是使水变得清澈、深邃，变得更青、更蓝，如图1-3-50和图1-3-51所示。

图1-3-50

图1-3-51

（8）细节色彩调整到位后就可以使用"色相/饱和度"命令来调整画面的纯度或色彩倾向了，打开"色相/饱和度"命令，先针对全图做一些色相修改和饱和度调整，如图1-3-52所示。

图1-3-52

（9）接下来分色选择进行调整，在此画面中调整了红色、黄色、绿色，其主要目的就是使这几种色彩变得更艳丽、更通透，如图1-3-53和图1-3-54所示。

图1-3-53

图1-3-54

（10）水面上方部分有点偏暗，利用套索工具选中该区域，打开"调整边缘"对话框，设置羽化值，将边缘进行柔化，如图1-3-55所示。

图1-3-55

（11）羽化完毕后再次打开曲线，适当调整被选择区域的明度，如图1-3-56所示。

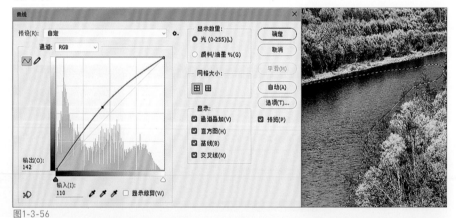

图1-3-56

（12）此时可以取消选区，在"选择"菜单中单击"取消选择"命令，如图1-3-57所示。

图1-3-57

图1-3-58

（13）最后利用"色彩平衡"命令将整个画面的色彩做一些校准，笔者以高光部分和中间调做了调整，其实也就是对色彩上做一个轻微的处理，使画面色彩变得更精准，如图1-3-58和图1-3-59所示。

图1-3-59

（14）经过这几个调色命令的调整后，可以看到很明显的变化，照片由原来的灰暗效果变得鲜艳、亮丽，如图1-3-60所示。

图1-3-60

　　这就是调色命令神奇的功效，无论某张照片的色彩是怎样的，只要操作者会用调色命令就有可能使照片变得美不胜收。

　　工具、命令是软件的精髓，大家一定要循序渐进进行学习，以上介绍的所有工具和命令都是摄影后期比较常用的，想学好后期，就得掌握这些工具和命令。

1.4

照片基础编辑的操作运用

照片的编辑和照片的修饰、调整同样重要，想要修饰照片或设计照片就必须会用到有关照片编辑的命令，这些命令存在于软件的"编辑"菜单中。当然"编辑"菜单中的命令很多，下面将最常用的几个编辑命令进行详细介绍。

1.4.1 常用照片编辑命令

"编辑"菜单中常用的命令不多，但每个都重要。

1. 自由变换

自由变换是照片编辑中使用频率很高的一个命令，他可以对照片的大小进行缩放，可以对照片的角度进行旋转，也可以对方向进行翻转，是照片编辑中不得不用的命令。使用自由变换时，如果图层是单独图层并且加锁是不能打开自由变换的，只有解锁图层（在图层上双击），或复制图层，或调入其他图层才可以使用。

图1-4-1

在使用自由变换时可以看到图像四周出现一个边框，这个边框被称为定界框，定界框上有4个顶点和4个中点，是用来对图像进行缩放和拉伸的。通常情况下使用自由变换缩放图像是要求比例不能发生变化的，也就是宽高比例锁定。想保持比例不变只需要按住键盘的Shift键，然后拖曳4个顶点其中的任何一个即可完成不变形缩放，如图1-4-1所示。如果想要中心缩放且四周同时按比例缩放，方法与前面相同，只是需要按住Shift+Alt键。

图1-4-2

自由变换除了可以对图像进行缩放以外也可以对图像进行旋转，当在自由变换编辑过程中将鼠标指针移出定界框可以看到鼠标指针变成带弧度的箭头，此时就可以对图像进行旋转了，旋转轴默认为图像的中心点，当然也可以在属性栏输入角度进行旋转，如图1-4-2所示。

图1-4-3

当在自由变换编辑过程中单击鼠标右键可以看到出现一个下拉菜单，此下拉菜单中有几个命令对于以后的合成起着重要作用，如透视、斜切、扭曲，如图1-4-3所示。变形功能是后来Photoshop版本更新的，可以对图像进行形状改变，如镜头畸变就可以进行校正。

透视：可以将照片从竖直效果改为平放效果，其实就是透视中的近大远小视觉效果。此功能在合成中经常用到，在后期的版面设计中也会用到，如图1-4-4所示。

斜切：可以将图像调整成平行四边形或菱形效果，斜切调整时调整中点，如图1-4-5所示。

图1-4-4

图1-4-5

扭曲：可以对图像的任何一个顶点进行拖曳变形，画面比例及视角都会发生变化，如图1-4-6所示。

变形：对图像进行变形处理，可以调整出鱼眼镜头效果，也可以改变某一局部角度和大小，如图1-4-7所示。

图1-4-6

图1-4-7

剩余的几个旋转翻转的命令应该很好理解，根据提示即可明白，如果不清楚可以自行实验一下。以上这些就是自由变换命令的效果，用处很多，希望大家能够多多练习熟悉此命令。

2. 填充

填充是用于对图层或选区进行色彩填充的一个命令。如果图层中没有选区可以直接将整个画面填充所选颜色。如果画面中存在选区，那只能将选区内部分进行填充。其作用等同于使用快捷键 Alt+Delete。

其实在前面已经使用过填充，只是那是在修图的情况下使用的填充中的内容识别填充，而现在的填充只针对色彩，根据需求选择合适的色彩即可，对于混合模式及不透明度通常情况下不去进行改变，保持默认即可，如图1-4-8所示。

图1-4-8

填充命令并不难，所以利用简单介绍即可。

3. 描边

在"填充"命令下面有一个"描边"命令，利用描边是可以对图像边缘或选区边缘进行色彩勾边。可以用来制作画面的装饰边框，也可以绘制框线操作。进行描边时只要设置宽度和位置即可，位置建议选择内部，宽度视照片尺寸、用途及选区大小而定，如图1-4-9所示。

图1-4-9

描边可以在同一个文件中多次使用，可以制作双边、三边及多边效果。不过需要借助选区才可以完成描边，没有选区无法使用描边命令，如图1-4-10所示。

发挥自己的想象，大家可以绘制更多的边框，不过需要提醒大家的是，尽量每次描边都新建图层，以便修改。

图1-4-10

4. 自定义画笔

自定义画笔可以将作者的签名、标志、图像等定义成画笔笔头。这样如果想对照片

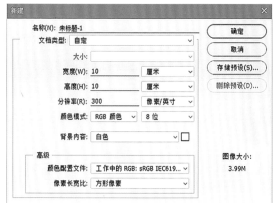
图1-4-11

添加水印或签名就变得很简单，只需要使用画笔选择颜色，在图像上直接点击即可。这种使用画笔添加的水印具有灵动性，可以随时改变大小及色彩。

当然首先要有一个签名或水印标志，笔者以自己的签名和印章给大家做个示范。

（1）新建一个文件，最好是正方形笔者建立的是10cm×10cm，分辨率为300像素／英寸，RGB颜色模式，如图1-4-11所示。

（2）打开画笔工具，在属性栏点击画笔笔头选择按钮，在弹出的画笔选择中选择书法画笔，如果没有合适的画笔，可以点击右上角的齿轮标志，然后进行查找，如图1-4-12所示。

（3）找到后点击书法画笔，此时弹出一个对话框，直接点击"追加"按钮，记住不要点击"确定"按钮，如图1-4-13所示。

（4）追加完毕后笔头里面就有书法画笔了，选择一个合适大小的笔头，设置画笔属性中的不透明度为100%，前景色改为纯黑色，就可以动手了书写自己的签名了，如图1-4-14所示。

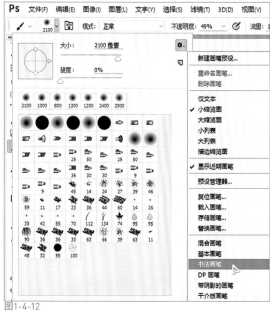
图1-4-12

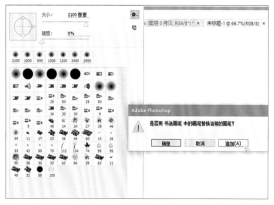
图1-4-13

图1-4-14

（5）写好后直接打开"编辑"菜单下的自定义画笔预设，在弹出的对话框中直接点击"确定"按钮，如图1-4-15所示。

图1-4-15

图1-4-16

（6）此时这个画笔的绘制效果就已经是刚才书写好的文字了。打开一张照片，设置前景色，在画面上使用刚才追加的画笔即可添加水印。记得添加时选择位置和大小，只需要调整画笔大小就可以了，如图1-4-16所示。

这几个命令是以后最常使用的，其他的编辑命令会在后面的内容中介绍。

1.4.2 神奇的文件堆栈命令

"堆栈"命令在摄影后期中不常用，但是在使用时的作用很大，如果想将一组照片调入同一个文件即可发挥堆栈的作用，使操作变得非常简单。在延时摄影、星轨摄影、合焦的操作中，利用堆栈可以省去很多的时间和操作。

"堆栈"命令即"将文件载入堆栈"存在于"文件"菜单中的"脚本"子菜单。不用在Photoshop中将照片打开即可使用该命令，打开命令后直接浏览并选择想要使用的照片，然后调取照片并进入该命令编辑。

堆栈不仅可以将多张照片自动调入同一文件，而且还可以对齐所有照片，这样的操作如果是手动并且照片张数很多，那真的是费时、费力。接下来笔者以3张照片的合成修饰为例给大家演示一下，大家能明白堆栈的基本功能即可，更多的操作还需要大家自行研究。

图1-4-17

启动Photoshop软件后在"文件"菜单中的"脚本"子菜单里执行"将文件载入堆栈"命令，如图1-4-17所示。

（1）在"载入图层"对话框中点击"浏览"按钮，选择需要操作的照片（见图1-4-18、图1-4-19和图1-4-20），打开后照片将会显示在此命令的使用文件框里，然后勾选"尝试自动对齐源图像"，如图1-4-21所示。

图1-4-18

图1-4-19

图1-4-20

图1-4-21

(2) 点击"确定"按钮后软件就会将刚才的3张照片打开并且放入同一个文件，出现3个图层，如图1-4-22所示。

图1-4-22

(3) 接下来就可以对图像中的人物进行修饰了，不过此时可能要调整一下图层的上下顺序，使人物最少的在最上层，人物最多的在最下层。在工具栏中选择橡皮工具，设置橡皮工具的属性，笔头为柔边缘、不透明度为100%，将第一层中的人物擦除，记住只擦除人物，其余部分不要动，如图1-4-23所示。

图1-4-23

（4）擦掉第1层中的人物后也许会出现第2层中的人物，选中第2层，擦除看到的人物部分，最好利用小点的笔头去擦，如图1-4-24所示。

图1-4-24

（5）当擦除第2层的人物后，画面中就没有人物了，成为一张纯粹的风光照，合并图层并保存即可，最后效果如图1-4-25所示。

图1-4-25

这就是采取了堆栈与图层遮挡原理完成的效果，虽然只是使用了3张照片，但是堆栈的功能也已经展现出来了。以后准备将多张照片放入同一个文件时记得使用这个命令，会令操作事半功倍。

1.4.3 二次构图的操作技巧

二次构图，顾名思义也就是第二次对照片的构图做调整，那么第一次构图在哪里呢？第一次构图是在使用相机拍照的过程中，通过取景器来调整拍摄范围进行的。为什么要有第二次构图呢？肯定很多朋友都有这样的疑问，其实第一次构图不一定能够完全表达出拍摄者的构思或意愿，也许在构图中存在一定的问题，为了使照片达到更好的效果，二次构图起到了很大的作用，当然并非每张照片都需要进行二次构图。

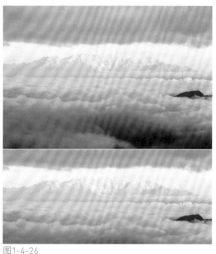

图1-4-26

在学习二次构图之前先谈谈二次构图的作用吧，让大家心里明白为什么要进行二次构图。

第1点，二次构图可以美化照片，使照片更加完整。可以改变观者观看照片的视觉角度，增加视域宽度或高度，从而令人感到画面的广阔与震撼，图1-4-26所示为原图与构图后的对比，上图为原图效果，下图为二次够图后效果。明显看出二次够图后的视觉震撼度增强了，使人感觉画面更为宽广。

第2点，可以改变照片比例，打破原始图像的固定长宽比，增强照片的构图时尚感，如图1-4-27所示，原图的比例中规中矩，缺少个性与时尚感，正方形构图打破了墨守成规的观念，思维活跃、创新，效果具有时尚感。

图1-4-27

第3点，增加照片空间，可以使原始照片中没有拍摄出的空间增加出来，令照片中的空间感更为广阔，使效果更好。如图1-4-28所示，天空的空间增加近一倍，真的是天高地阔。

第4点，去掉画面中多余的部分，拍照时由于角度问题或距离问题，画面中出现不该出现的部分，这很正常，同样可以通过二次构图的方式来解决这一问题，使画面保持简洁、干净，如图1-4-29所示。

图1-4-28

图1-4-29

图1-4-30

第5点，调整照片水平线，无论人像还是风光，照片中存在水平线（地平线或海平线）、垂直线的照片很多。可是能否保证拍摄的过程中保持水平或垂直呢？谁也不能绝对有把握，万一出现了不水平或不垂直，那么就可以通过二次构图的方式来改变水平线或垂直线，如图1-4-30所示，通过二次构图后，照片不再倾斜。

这些就是二次构图的作用，怎么样？很有用吧？其实二次构图不只是对风光照片起作用，所有的图像都可以经过二次构图调整构图效果，包括人像摄影、静物摄影等。

下面就来学习二次构图的方法。

1. 自由变换法

自由变换本身是对照片编辑的一个命令，在前面的内容中已做过详细介绍，现在使用自由变换是用来进行二次构图，利用自由变换重新构图最大的优势就是不会改变照片的原始尺寸和比例，当然也可以根据需求自行改变。

（1）打开一张需要进行二次构图的照片，这里选择图1-4-31这张照片，照片拍摄的空间很广阔，但是笔者觉得拍摄的主体物太阳的位置不佳，而且想要表现的内容大小不合适。

（2）根据构图原理中的黄金比例（1:0.618），先利用辅助线大概规划出太阳的位置，在"视图"菜单中打开标尺，然后从标尺上拖出辅助线标示位置，如图1-4-32所示。

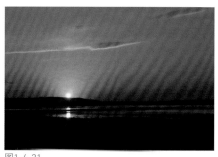

图1-4-31

图1-4-32

（3）标注太阳移动的位置后，复制图层，在"编辑"菜单中打开"自由变换"命令，如图1-4-33所示。

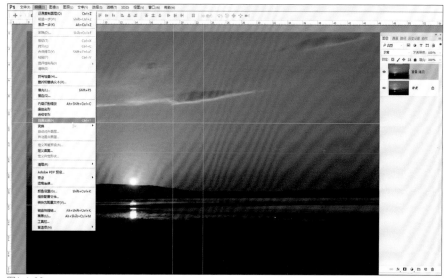

图1-4-33

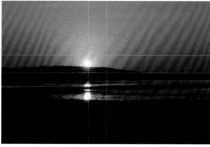

图1-4-34

（4）按住Shift键，拖曳照片左上角使照片放大，当太阳几乎靠近所标注位置时可以释放鼠标，然后放开Shift键。再利用移动工具适当调整位置即可，如图1-4-34所示。

（5）构图调整完毕。接着在"滤镜"菜单下打开"Camera Raw"命令，对照片稍作调整，调整细节参数根据照片不同有所改变，调整参数可以参考图1-4-35。

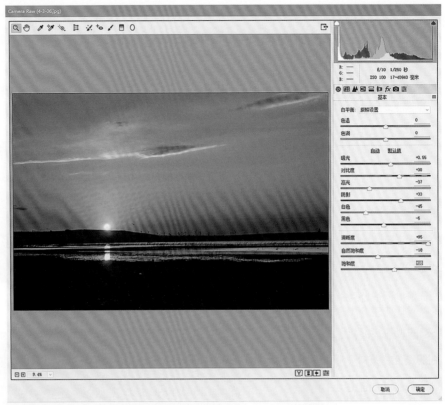

图1-4-35

（6）调整好后合并图层，此时可以进行保存了，最后的效果如图1-4-36所示。

图1-4-36

这就是自由变换操作方法，只要在前面的内容中掌握了"自由变换"命令，这个方法真的是很容易！

2. 裁切工具法

裁切工具在二次构图中的作用相当大，大部分构图几乎都要利用裁切操作。裁切工具使用简单、易操作，而且可以锁定比例，可以固定尺寸。不但能减少画面内容做减法构图，亦可增加照片空间做加法构图，这个构图法非常实用。

下面先介绍一下裁切构图法中的减法构图。

（1）打开照片（见图1-4-37），先进入Camera Raw滤镜进行调整，效果如图1-4-38所示。

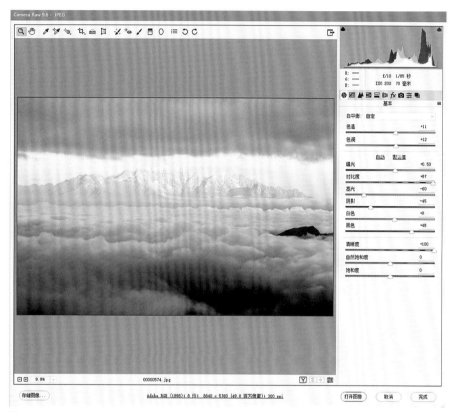

图1-4-37

图1-4-38

　　（2）分析后得知此画面中上面乌云部分有点厚，需要裁切，下面云海面积有点多，需要裁切。在"视图"菜单下打开标尺，从标尺中拖曳出水平辅助线，大概表示出需要裁切的部分，如图1-4-39所示。

　　（3）在工具栏中选择裁切工具，并且在裁切工具的属性栏中清除数据，按照前面辅助线所表示的位置进行裁切，如图1-4-40所示。

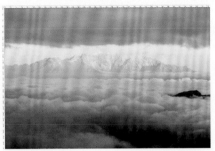
图1-4-39

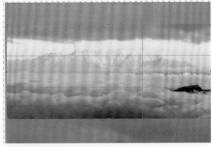
图1-4-40

　　（4）拖曳出裁切框后可适当调整细节，然后就可以按Enter确定了，最后效果如图1-4-41所示。

图1-4-41

　　减法构图其实很容易理解，也很容易操作。但是加法构图就没有那么简单了，集中注意力认真学习，不要落下任何一个细节。

　　（1）打开需要进行二次构图的照片（见图1-4-42），照片有点发灰、发暗。先使用Camera Raw滤镜调整一下，调整参数设置如图1-4-43所示。

图1-4-42

图1-4-43

（2）从照片构图可以看出，照片中天空的空间不足，需要将天空部分加高，也可以顺便将两边的草地加宽。在工具栏中打开裁切工具，清除裁切工具属性栏里的数据，拖曳裁切工具使其正好与照片大小相等。然后分别对上、左、右三面进行拉高和拉宽调整，如图1-4-44所示。

（3）这样裁切后可以看到画面中天空的空间和草地两边的空间从画布上增加了，下面需要做的就是将图像内容也增加。从工具栏中选择矩形选框工具，保证矩形选框工具属性栏中

图1-4-44

的羽化值为0，先从左面建立选区，选区范围不得选中斑马，然后在"编辑"菜单下执行"自由变换"命令，具体细节参考图1-4-45。

图1-4-45

图1-4-46

（4）执行自由变换后，拖曳自由变换的左侧边缘，将草地图像边缘拉至画布最左边，按Enter键确认，如图1-4-46所示。

图1-4-47

（5）以同样的思路，将画面右侧也如此操作，增加草地右边的面积，如图1-4-47所示。

（6）以同样的方法调整天空部分，选中天空时不要选中远处的山，拖曳后天空的面积增加，按Enter键确认，如图1-4-48所示。

图1-4-48

（7）经过3次调整，可以明显看到原始画面的天空、草地都扩大了面积，这样看上去就有了天高地阔的感觉了，最后效果如图1-4-49所示。

图1-4-49

这就是裁切工具的两种构图方法，这两种方法在以后的操作中使用率相当高，一定要熟练操作。尤其是加法构图，需要注意的就是增加画面空间的这一步，对那些变形后容易被看出来的部分不应进行选择。

3. 滤镜拉直法

滤镜拉直法就是利用滤镜中的"镜头校正"命令来对图像中的水平线或垂直线进行拉直操作，此命令不是任何一个Photoshop版本都有，如果所使用的版本中没有此命令，那么可以更新Photoshop软件。

此构图方式主要就是修改水平线和垂直线，是不能改变图像比例和大小的，也不能根据自己的喜好来裁切。所以，如果想改变比例或进行裁切，可以调整水平线或垂直线后再使用前面的方法。需要注意的是，有的照片中水平线调整完成后垂直线也随之调整，有的照片水平线没问题了但垂直线会倾斜，或垂直线没问题了但水平线会倾斜，遇到这样的照片此方法就无效了，需要使用其他命令辅助修饰。

（1）打开一张水平线倾斜的图像（见图1-4-50）。

（2）通过水平辅助线来测量一下照片中的水平线是否标准，如图1-4-51所示。

图1-4-50

图1-4-51

（3）对比后得知水平线确实不水平，那就利用"滤镜"菜单下的"镜头校正"命令来进行校正。打开"镜头校正"命令，利用拉直工具沿着操作者认为应该是水平线的那个角度去拉出虚线，释放鼠标后照片角度就会得到调整，如图1-4-52所示。

图1-4-52

（4）确定操作后再使用辅助线测试一下，可以看到辅助线与画面中的水平线已经吻合，如图1-4-53所示，最后调整效果如图1-4-54所示。

图1-4-53

图1-4-54

4. 新建文件法

新建文件本身是来建立新的文档画布的命令，在此却用来进行二次构图，是不是搞错了？没有搞错，就是这样，因为新建文档可以确立尺寸，再加上自由变换就可以将照片进行二次构图了，不但可以裁切减少照片比例内容，还可以确定照片尺寸。如果是要进行输出的照片，使用这种构图方法最为合适。

这里以一张需要输出为7英寸照片的尺寸为例来解释一下此种构图法，注意参数的设定。

（1）新建一个文件，设置宽度为7英寸，高度为5英寸，分辨率为300像素/英寸，RGB模式，8位通道，如图1-4-55所示。

（2）打开需要进行构图的照片（见图1-4-56），然后利用移动工具将照片拖放到新建的文件中。

图1-4-55

图1-4-56

（3）照片为原始尺寸，所以肯定比新建的尺寸要大，此时可以通过"编辑"菜单下的自由"变换命令"查看一下照片比新建文件大多少，如图1-4-57所示。

（4）可以看到照片比新建尺寸大了很多，此时正好在"自由变换"命令编辑状态，按住Shift键并利用鼠标操作缩小照片，注意比例不能改变，如图1-4-58所示。

图1-4-57

图1-4-58

（5）将照片的高度缩放到与新建文件的高度一致时，照片的长度却超出新建文件的长度一部分，这些超出的部分就是需要裁切的部分，可以左右调整一下照片的位置，然后确定完成构图，此时打开"图像大小"命令就可以看到裁切后的尺寸正好是所需要的7英寸，如图1-4-59所示。

图1-4-59

这样，一张原始尺寸的照片就通过新建命令的方式构图成了7英寸的照片，可以用于输出了，这就是新建构图法，根据自己的尺寸需求创建相应尺寸的文件，按照这样的方式就可以将需要输出的照片确定寸了。

以上这几种都是二次构图的方法，每种方法都各有优势，针对的照片及需求不同，以后的操作中可以以自己的需求及照片的种类来选择合适的构图方法，构图对于创作完美的作品很重要。

1.4.4 编辑照片时必用的滤镜

滤镜在 Photoshop 软件工具中所占比例很大，使用频率也是极高，不过并不是所有滤镜都能够在摄影后期领域应用。有一些滤镜在后期中起着非常重要的作用，下面就对这些最常使用的滤镜进行介绍，让大家了解摄影后期中常见的一些特效到底是如何制作出来的。这里主要以模糊类滤镜、渲染类滤镜、杂色类滤镜和锐化类滤镜中的一些命令做介绍。

先看第一类模糊滤镜，在模糊滤镜中主要介绍最为常用的高斯模糊、镜像模糊、动感模糊。

1. 高斯模糊

高斯模糊是 Photoshop 软件中的一个滤镜，具体的位置在"滤镜｜模糊｜高斯模糊"。高斯模糊是根据高斯曲线调节像素色值，它是有选择地模糊图像。说得直白一点，就是高斯模糊能够将某一点周围的像素色值按高斯曲线统计出来，采用数学上加权平均的计算方法得到这条曲线的色值，最后能够留下对象的轮廓（即曲线），是指当 Photoshop 将加权平均应用于像素时生成的钟形曲线。

在 Photoshop 中，所有的颜色都是数字，各种模糊应用都是算法。将要模糊的像素色值统计，用数学上加权平均的计算方法（高斯函数）得到色值，对范围、半径等进行模糊，大致就是高斯模糊。

图1-4-60

大家能清楚高斯模糊可以制作出什么样的效果，并了解其参数设定的意义即可。高斯模糊在摄影后期领域经常用于制作画面的梦幻、虚幻、景深等效果，下面来看一下范例操作。

（1）随意打开一张照片即可，这里打开一张人像照片，给人像照片增加一点景深效果（见图1-4-60）。

（2）将原始背景图层复制出一层，选中复制出的图层后执行"滤镜 | 模糊 | 高斯模糊"菜单命令，如图1-4-61所示。

图1-4-61

（3）在"高斯模糊"对话框中只有一个半径参数的设置，这个参数会影响模糊程度，对于这张照片调整到看不清楚人物五官但还能看到五官大概位置即可，如图1-4-62所示。

图1-4-62

（4）设置模糊数值后，在工具栏中选择橡皮工具，并设置橡皮工具的属性，笔头为柔边缘，不透明度为100%，如图1-4-63所示。

图1-4-63

（5）利用100%不透明度的橡皮工具擦出人物部分，使人物部分清晰起来，不过这样的效果很生硬，人物边缘会有明显的模糊与清晰的交界线，如图1-4-64所示。

（6）为了解决人物边缘的明显痕迹，将橡皮工具的不透明度调整到8%左右，放大橡皮笔圈，利用低不透明度、大笔圈的橡皮工具沿着人物边缘部分涂抹，直到没有明显交界痕迹为止，如图1-4-65所示。

图1-4-64

图1-4-65

图1-4-66

（7）调整之后就可以得到明显的效果，画面中人物与背景的距离增加了，也就是增加了景深，如图1-4-66所示。

这就是高斯模糊的效果，当然高斯模糊还能制作出很多的效果，在此不一一列举，只要大家知道高斯模糊能够制作什么样的效果就可以了。

2.动感模糊

动感模糊在摄影后期特效中使用很多，如制作速度感、延伸感都可以使用动感模糊，其效果逼真，有很强的视觉冲击力。

（1）打开一张具有动感的照片，这里为一张马球比赛的图像（见图1-4-67）。

图1-4-67

（2）马球比赛中马在不停地奔跑，而且速度极快，可是这个画面中并没有体现出速度感，于是开始进行调整，复制图层并执行"滤镜｜模糊｜动感模糊"菜单命令，如图1-4-68所示。

图1-4-68

（3）在动感模糊中有两个设定参数项，一个是角度，一个是距离。角度指运动的方向，可根据画面中主体物运动方向去设定角度。距离是指模糊程度，可根据速度快慢设定参数。在这张照片中笔者设定运动方向为水平，距离参数根据画面变化适当调整，如图1-4-69所示。

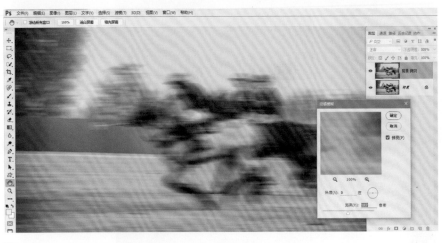

图1-4-69

（4）同样需要对主要部分做一下擦回处理，选择工具栏中的橡皮工具，设置属性后先将主要人物和马匹擦回，如图1-4-70所示。

图1-4-70

（5）接下来将橡皮工具的不透明度改为8%左右，扩大橡皮笔圈，轻擦人物和马匹四周做过渡处理，如图1-4-71所示。

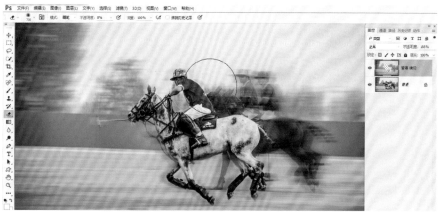

图1-4-71

（6）擦完后即可得到一张动感非常强的照片，如图1-4-72所示。

图1-4-72

动感模糊的效果是不是很震撼？很多的效果需要大家去练习、研究。

3. 径向模糊

径向模糊同样属于特殊的模糊形式，它可以制作出放射性模糊效果和旋转性模糊效果，其视觉冲击力极强，图像后期领域经常使用此种模糊制作光线或动感效果。

（1）打开一张具有动感的照片，这里依然打开了一张马球运动的照片（见图1-4-73）。

（2）为了增加照片的动感和视觉冲击力，复制图层，然后执行"滤镜|模糊|径向模糊"菜单命令，如图1-4-74所示。

图1-4-73

图1-4-74

（3）在"径向模糊"对话框中先将数量调整为最大值，选择模糊方法为"缩放"，品质为"好"，调整模糊视图中心，大概到画面中马头的位置，如图1-4-75所示。

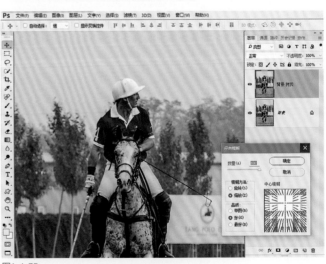

图1-4-75

（4）模糊后的效果会给人一种具有放射性的视觉效果，而且具有很强的张力，如图1-4-76所示。

（5）以同样的方法利用橡皮工具先去擦出主要人物部分，如图1-4-77所示。

图1-4-76

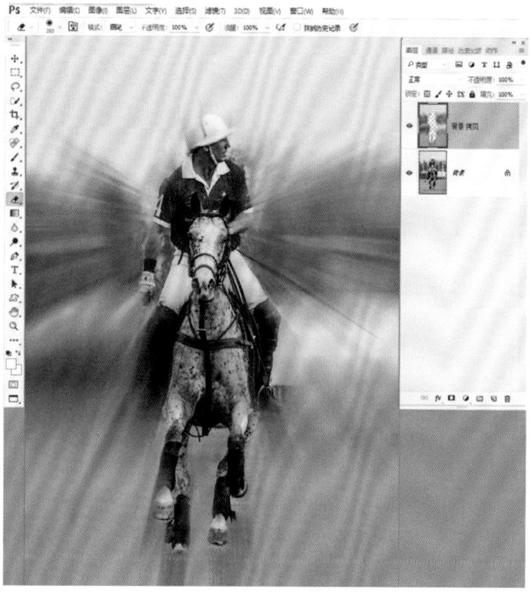

图1-4-77

（6）接着设置橡皮工具为很低的不透明度，大笔圈、柔和边缘，擦出人物细节部分如图1-4-78所示。

（7）最后的效果出现，像不像得胜归来的将军？光芒四射，辉煌闪耀，这就是径向模糊的特殊魅力，如图1-4-79所示。

图1-4-78

图1-4-79

3种最常用的模糊效果介绍完毕，一定要记住每一种模糊的效果是什么样的，以后的特效制作中使用这3种模糊效果的机会有很多，不要记混了！

接下来再介绍一下渲染类滤镜,渲染类滤镜里用到最多的就是光照效果和镜头光晕,可以改变画面的光照效果,是极为神奇的滤镜。

4. 光照效果

光照效果是滤镜中能够改变光线照射的一款非常神奇的特效滤镜,如果能运用好此滤镜,一些照片中存在的光影的问题就很容易得到解决了。而且此命令也可以用于对照片色彩的调整及层次的处理,这个滤镜真的很重要。

下面进行范例讲解。

(1)打开一张风景照片(见图1-4-80)。

图1-4-80

(2)执行"滤镜|渲染|光照效果"菜单命令,然后在右侧面板中可以选择不同的光照类型,先看一下聚光灯的效果吧。聚光灯如同现实生活中的手电筒或探照灯,可以照亮局部范围,而其余部分将会以黑暗覆盖,利用这种方式可以改变光照的方向及光照的范围,如图1-4-81所示。不过里面的调整还是比较复杂的,图中所出现的两个圆环有着不同的功能,外圈用于调整光照的整个范围,内圈用于调整光照的亮度范围,两个圈之间的间距就是光线由强变弱的过渡。左边选项中可以控制光照的亮度及选择光照的颜色。

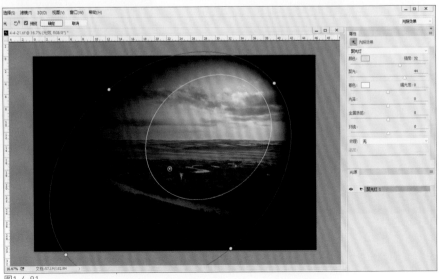

图1-4-81

（3）点光是调整照片层次及色彩最常用的一种光照形式，点光类似于电灯，它有照亮范围及亮度的选择，如图1-4-82所示。图中绿色的圆圈就是照亮范围，超出圆圈的部分光线开始逐渐变暗，圆圈的圆心部分为最亮。将鼠标指针移动到绿色圆圈后，圆圈变为黄色，此时可以通过拖动来改变圆圈的大小也就是改变照亮范围。

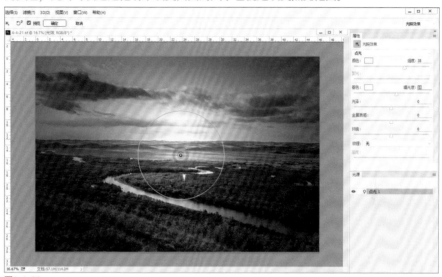

图1-4-82

（4）最不好控制的就属于无限光这种类型了，它与太阳照射的原理一样，改变中间的手柄可以改变光照的方向及阴影的方向，光照和阴影相对应，如图1-4-83所示。当然，在右边的面板中同样可以调整光照的强度及选择色彩，不过初学者还是要慎重使用此种光照类型。

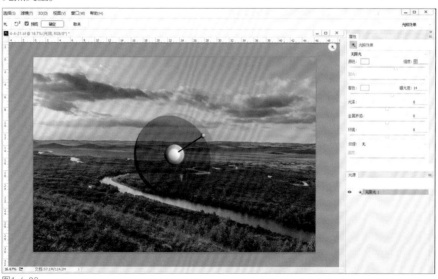

图1-4-83

在渲染滤镜中除了这个光照效果还有一个叫作镜头光晕的滤镜，在后期特效制作中经常使用到，可以给照片添加逆光光圈的效果。

5. 镜头光晕

镜头光晕用于对照片添加光晕及逆光光圈效果。比如，树林中阳光透过树叶时出现的光圈，或逆光拍摄时从太阳出发出的光线及光晕等效果，都能够很轻松地通过此命令来添加。

（1）打开一张逆光拍摄的带有太阳的照片（见图1-4-84）。

（2）执行"滤镜|渲染|镜头光晕"菜单命令，如图1-4-85所示。

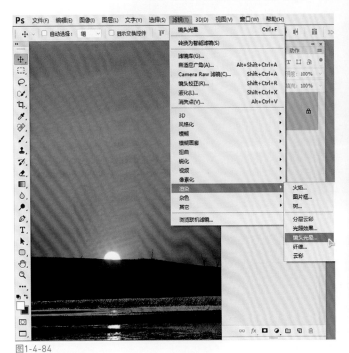
图1-4-84

图1-4-85

（3）打开的"镜头光晕"对话框中有亮度的选择调整，此处的调整数值越高则光晕的亮度越强。下面有镜头类型的选择，此处是模仿不同焦段镜头所拍摄的效果，大家可以根据自己的需求选择不同的选项，预览图中的光晕位置是可以进行调整的，可以根据自己的要求随意改变发光点的位置。不过在此张照片中必须要将发光点调整到太阳中心位置，如图1-4-86所示。

（4）确定操作后可以看到照片中增加了很明显的光圈效果，给图像增加了一丝神奇色彩，如图1-4-87所示。

以上两种都属于渲染类滤镜，其实渲染里面还有多个滤镜并未介绍，目前先了解光照效果及镜头光晕滤镜的使用即可。

再往下需要了解的还有杂色下面的"蒙尘与划痕"命令及锐化里面的USM锐化，虽然这两个命令不在同一个子菜单下，但是它们却有着不可分割的关系。

图1-4-86

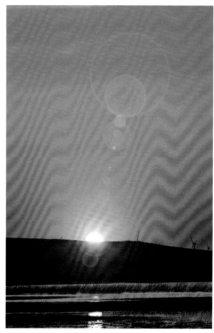
图1-4-87

6. 蒙尘与划痕

"蒙尘与划痕"命令在"滤镜|杂色"中，它起的作用并不是像名称一样蒙上一层尘土或增加划痕，恰恰相反，蒙尘与划痕的主要作用就是去除画面中的细小颗粒和轻微划痕，在人像后期中可以用于皮肤柔化处理。

（1）打开一张人像照片（见图1-4-88）。

（2）复制一个图层后执行"滤镜|杂色|蒙尘与划痕"菜单命令，如图1-4-89所示。

图1-4-88

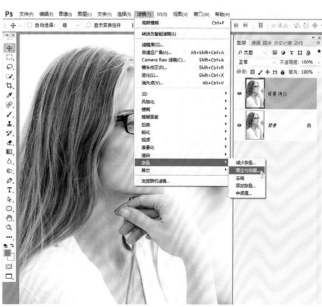
图1-4-89

（3）在"蒙尘与划痕"对话框中有两个参数设定，半径控制蒙尘和划痕的大小范围。阈值调整整体色调的选项，数值越大越明亮，反之则变暗，如图1-4-90所示。在人像后期中，半径决定图像的柔化程度（即模糊程度），阈值用来给图像添加杂色，简单来说，阈值数值越大，越减轻磨皮的力度。如果想使照片出现光滑效果，可以降低阈值的数值。

图1-4-90

（4）调整后可以利用橡皮工具将人物的五官、头发、衣服等部分擦回，如图1-4-91所示。

图1-4-91

（5）擦回后即可得到柔化皮肤的人物效果，如图1-4-92所示。

7.USM 锐化

"USM锐化"命令是锐化类滤镜中最为常用的一个命令，主要用于对图像模糊进行清晰处理，可以增加图像中的杂质颗粒，也可以清晰图像的边缘，是非常好用的一款锐化滤镜。

图1-4-92

（1）打开一张人像局部照片（见图1-4-93）。

图1-4-93

（2）执行"滤镜 | 锐化 | USM锐化"菜单命令，如图1-4-94所示。

图1-4-94

（3）在USM锐化滤镜里有3项调整，其中数量是用来给图像添加质感和颗粒，半径是用来调整画面中所有边缘的清晰度，阈值用来划定锐化的临界点，一般情况下是不调整阈值项的，如图1-4-95所示。

图1-4-95

（4）仔细观察眼睛部分，原图有点模糊，效果图已经变得清晰，如图1-4-96所示。

图1-4-96

关于滤镜的知识先讲到这里，所讲到的滤镜都是以后的工作、练习中经常用到的。没讲到的并不是说就不用，在后面的内容中也会慢慢介绍给大家。

走进Photoshop的神秘世界，在第一章中介绍了Photoshop软件最为基础的知识，从软件的优化设置到选区、修饰工具，从调色命令到图像的编辑、滤镜，照片的基础处理和修饰内容很全面，但只限于基础知识，想要学习更多的Photoshop后期知识请继续学习后面的内容。

2

进一步学习Photoshop

通过第一章的学习，大家应该对软件的基本调整及基础的工具命令有了一定的了解，接下来将带领大家进一步去探索Photoshop的神奇之处。Photoshop软件功能非常强大，只有大家真正地了解了他，才能够驾驭他，发挥出他最强大的功能。

本章包括了调色命令的深入运用，图层的内容介绍及人像和风光照片的修饰处理，虽然都是基础内容，但是大家用心学习后完全可以对照片做出合适的修饰处理，加油吧!

2.1

如何利用Photoshop软件的调色命令校准偏色

调色命令是软件中处理色彩的最常用调整方式，这些命令除了可以对色彩进行调整美化以外还可以对偏色照片（白平衡问题）进行校准调整。谁都不能保证自己所拍摄的照片绝对符合色彩标准，或多或少都会出现一些偏色。如果发现照片偏色，可以利用调色命令来解决，千万不要置之不理，一幅作品的色彩问题很关键。

2.1.1 照片产生偏色问题的原因

摄影师们经常要面对照片偏色的问题，除非对色彩掌控得非常到位，而且在摄影时又占据天时、地利、人和，否则想要使照片一点都不偏色的确比较难。到底有哪些原因可以导致照片偏色？虽然这属于拍摄过程中的问题，但还是要讲解一下。如果了解了出现偏色的原因，就可以在拍摄环节尽量避免这些问题的产生，不给后期留问题。

其实对摄影有一定了解的朋友都知道，在拍摄过程中容易出现偏色问题的原因不止一种，拍摄的时间、环境、光线、相机设置及人为因素都可以产生照片偏色。只要了解这些具体原因，才能从根本上解决照片偏色的问题。

时间原因：大家都知道一天中时间不同光线强弱不同，光线的色温也会不同，因此在不同时间段拍摄的照片，如果相机中设置未改变，那么，照片将会出现不同的偏色效果。清晨色温偏冷，照片会出现偏蓝色、偏青色的效果；中午光线最强，色温并不是最高，所拍摄照片从色温上讲应是处于正常状态，但曝光度不太好把握；傍晚光线偏弱但色温偏高，所拍摄的照片会整体偏暖色调。所以要想在不同时间段都拍摄出正常色调的照片就要根据时间段调整相机设置。

环境原因：摄影中有个术语叫作环境色，当处于不同环境时受到环境色的影响很有可能会出现照片偏色问题，不过如果能在接受的范围之内，偏色属于正常，如果偏色严重就需要做相应调整了。比如，暖色环境中照片会偏暖，只要偏色不是很过分一般是可以接受的，不过最好还是根据环境颜色的变化适当去调整相机白平衡设置。

光线原因：由于拍摄过程中所使用的光照颜色不同，照片偏色也会不同，除了特殊要求的光线以外尽量使用正常色温的灯具或者利用适合的时段采用自然光进行拍摄，尽量减少照片偏色的可能性。

相机设置原因：相机中白平衡的设置会影响到照片偏色，这一点只要会使用相机的朋友都清楚，所以在拍照时别犯懒，应根据环境和时间的不同，合理、正确地设置白平衡。

大家应尽量在拍照环节避免照片偏色，后面的内容会讲解如何解决偏色问题。

2.1.2 如何分析偏色照片

面对照片偏色问题切莫操之过急，静心分析，有明确思路后再去动手处理。

首先根据照片偏色效果分析出应通过怎样的加色或减色来校正，加色应加哪种颜色？大概需要加多少？需要用哪种命令调整最合适？减色又应减掉哪种颜色，减掉多少？采取什么方式减色？这一系列的问题都需要在调整前进行分析，即便分析得不是非常正确，也能够为后面的调整打下一定的基础。

如果照片整体偏红色，可以这样分析：照片偏红色那必定是照片中红色色值相对高于其他色值，只要减掉一部分红色色值就会恢复正常色彩。减掉红色最好的操作方式就是利用"图像"菜单下调整里的"曲线"命令，只需要在红通道中将曲线中点下压即可。接着再根据出现的情况继续反复分析，最起码有一个大概的构思出现，不至于在调整色彩时处于盲目状态。

当然，要想准确地分析照片偏色，前提是要非常熟悉所用的调色命令及色彩的互补及混合原理，在上一章中已经详细介绍最常用的调色命令，如果学习得不扎实可以多复习几遍。其实解决照片偏色问题是调色过程的反操作，只需要逐次解决画面中比较明显的色彩偏向的矛盾，问题会越来越少，最终达到所需的色彩效果。

2.1.3 利用调色命令校准偏色

如果大家能够分析出一个大概的思路，那么就可以开始操作了，利用所分析的思路来校准偏色照片并不一定非常好用，因为很多细节还需要进行细致的处理调整。通过合适的调色命令来解决偏色并不是十分容易的，前面讲过需要了解调色命令的特性，需要知道色彩的相关原理，不过通过学习下面的实例后就可以掌握相关技法。

1. 偏红色照片处理

（1）首先打开需要处理的偏色照片（见图2-1-1），按照前面讲的分析方法认真分析。

图2-1-1

（2）由于照片中红色较多，可以采取整体减少红色的方式，执行"图像|调整|曲线"菜单命令，选择红通道后将曲线中点向下调整，如图2-1-2所示。

图2-1-2

（3）画面中还存在洋红色偏多的问题，接着使用曲线利用减少绿通道色值的方式校准，如图2-1-3所示。

图2-1-3

（4）现在画面剩下的偏色就是黄色偏多了，使用曲线通过增加蓝通道色值的方式来减少黄色，如图2-1-4所示。

图2-1-4

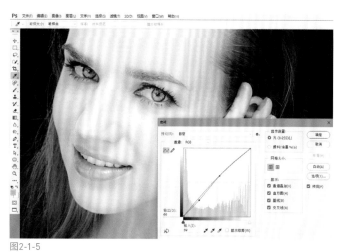

图2-1-5

（5）画面的明度有待提高，在RGB通道中适当提亮，此时应注意画面对比度的变化，如图2-1-5所示。

图2-1-6

（6）最后执行"图像｜调整｜色相／饱和度"菜单命令，选中红色，适当减少红色饱和度并适当调整红色色相，如图2-1-6所示。

图2-1-7

（7）经过几次的处理，照片的色彩已经几乎恢复正常色调，看上去舒服了很多，如图2-1-7所示。

2. 偏青色照片处理

（1）打开需要校准的照片（见图2-1-8），可以明显看到画面中背景及肤色都有偏青色的问题，分析后开始校准。

图2-1-8

（2）既然是青色多了，那可以直接在曲线中利用增加红色色值的方式来校准青色，如图2-1-9所示。

图2-1-9

（3）当减少青色后可以适当调整一下画面中的绿色，因为青色中是含有绿色的，可以直接在曲线中减少一点绿色色值，如图2-1-10所示。

图2-1-10

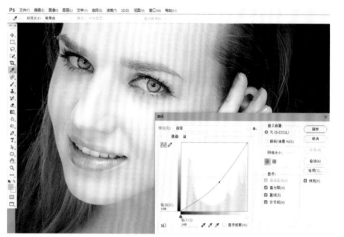

图2-1-11

(4) 此时照片中的蓝色也有点多，直接进入曲线的蓝通道，降低蓝色色值，如图2-1-11所示。

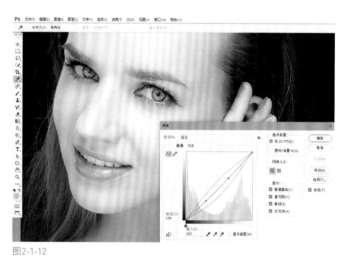

图2-1-12

(5) 到此色彩基本调整得差不多了，在曲线的总通道中适当处理一下明暗和对比，这样照片看上去会更通透一些，如图2-1-12所示。

图2-1-13

(6) 接下来还是利用"色相/饱和度"命令将红色的色相及饱和度做适当调整，看上去舒服即可，如图2-1-13所示。

（7）最后调整一下细节，执行"图像|调整|可选颜色"菜单命令，从中选择红色，按图2-1-14进行调整，目的是使画面中人物肤色看上去更红润。

图2-1-14

图2-1-15

（8）最终效果如图2-1-15所示。

图2-1-16

3. 偏黄色照片处理

（1）在Photoshop中将需要调整的偏色照片（见图2-1-16）打开，经过分析可以看到画面中黄色偏色严重，首先解决这个问题。

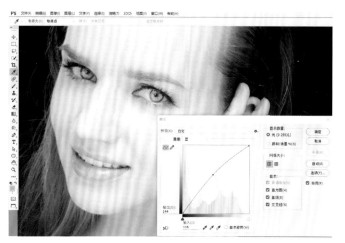

图2-1-17

（2）直接打开"曲线"命令，进入蓝通道并将蓝色曲线提升，目的是以加蓝色的方式减少黄色，如图2-1-17所示。

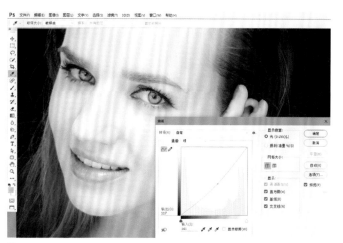

图2-1-18

（3）当蓝色增加后画面有点偏绿色，那接下来就进入绿色通道减少绿色色值来达到相对平衡，如图2-1-18所示。

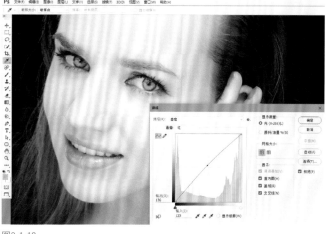

图2-1-19

（4）随着一步步调整会出现各种问题，只要出现问题就进行解决。现在画面中需要增加点红润的色彩，进入红色通道提升红色曲线，如图2-1-19所示。

图2-1-20

（5）调整了几次后画面的明暗和对比稍有变化，利用曲线中的总通道来解决明暗及对比的问题，将曲线中间提、下方压，提高明度和对比度，如图2-1-20所示。

图2-1-21

（6）最后进入"可选颜色"命令，选中黄色进行细节处理，将画面中的黄色进行加红色、加绿色、加蓝色，进行提亮处理，如图2-1-21所示。

图2-1-22

（7）最后的效果，如图2-1-22所示。

通过3种偏色照片的校准实例使大家了解了如何解决照片偏色的问题，其实偏色的情况还有很多种，以上只是其中3种。无论有多少种调整校准的方法，思路都是相同的，只要大家理解了调整色彩的原理就可以很好地解决照片偏色问题。

2.2

Photoshop软件的核心内容

Photoshop软件的核心内容就是图层，除了最简单的图像修饰以外几乎所有的图像处理都离不开图层，无论是调色、精修还是合成设计，没有图层就什么都做不了。这就要求大家必须要学会图层，不但要学会还要精通。下面就带领大家先学习图层的最基本的内容，循序渐进掌握相关知识。

2.2.1 认识图层面板

图层的内容较多，在软件中有关图层的部分有"图层"菜单和图层面板，这两个部分对图层的操作和处理效果都是一样的，通常情况下利用图层面板已经可以满足对图层进行操作了，所以这里以图层面板为主来介绍图层，首先来了解一下图层面板。图层面板默认是直接显示在软件界面中的，如果在界面中看不到图层面板，可以进入到"窗口"菜单调取图层面板，也可以使用快捷键F7，图2-2-1所示为图层面板，是要记住图层面板中各个按钮或选项的名称和功能。

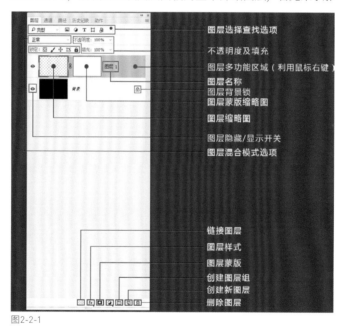

图2-2-1

2.2.2 图层面板中的各个按钮

认识了图层面板后，下面将逐个对面板中的按钮和选项进行介绍，这些选项和按钮都是对图层操作的基本内容，必须要了解并熟练应用。

图层选择查找选项：在这里可以分类查找图层，可以以类型、效果、模式、名称、属性等来进行图层类别的查找，如图2-2-2所示，每一项中也会有细致的条件划分，如类

图2-2-2

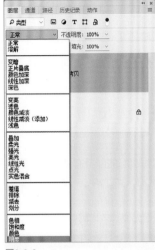

图2-2-3

型中又分为图像图层、调整图层、文字图层、形状图层、智能图层。这些划分都是在图层很多的情况下用来查找图层的条件。不过一般情况下在摄影后期领域是不会用到太多图层的，所以这部分内容不是太重要，只要了解即可。

图层混合模式选项：图层混合模式在图层中的作用很大，是上一图层与下一图层所进行的一种模式的运算，混合模式中包括了很多的效果模式，如正常、溶解、正片叠底、滤色、叠加等，如图2-2-3所示。这些内容比较重要，在后面的内容中会详细介绍，这里只需要了解图层混合模式在软件中的位置即可。

不透明度及填充：这里有两个选项，不透明度是指本图层图像的透明效果的设定，100%为不透明度最高，那就是完全不透明，上一图层完全遮盖下一图层。0%为不透明度最低，图层完全隐藏，此时可以完全透过上一图层看到下一图层中的内容，其实就等于上一图层消失。填充是指该图层中所填充的颜色的不透明度，其实和调整不透明度的作用是一样的。所以，当需要改变一个图层的不透明度时，可以直接更改不透明度的百分比数值，也可以改变填充的百分比数值，效果一样，如图2-2-4所示。

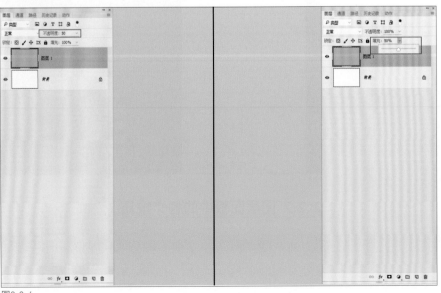

图2-2-4

图层锁定：图层锁定就是对图层中的一些内容进行不同方式的锁定，主要目的就是用来保护图层不被误操作。

第1个锁定按钮为锁定透明像素，在图层中所有的小方格的内容为透明像素，也就是没有任何图像的完全空白的部分。此锁定就是为了保护这些透明像素的，当按下锁定按钮后所有透明区域将不能编辑，如图2-2-5所示。

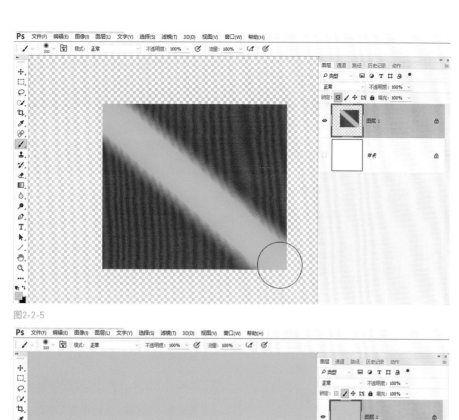

图2-2-5

第2个锁定按钮为锁定图像像素，意思就是说无法改变画面中所有图像的像素，此时所有的能够编辑像素的工具及命令操作都会被禁用，如画笔、橡皮、图章、修补等，如图2-2-6所示。

图2-2-6

第3个锁定按钮为锁定位置，当按下此按钮时该图层将被固定位置，不可移动，如图2-2-7所示。

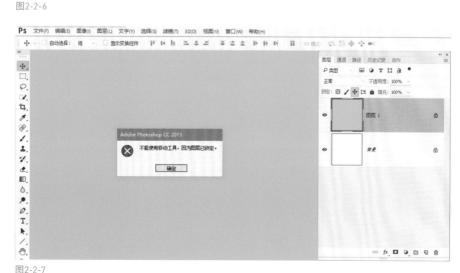

图2-2-7

图2-2-8

第4个锁定按钮是来锁定画板的，此工具在摄影后期领域从不使用，在此不做介绍。

第5个锁定按钮是全部锁定，也就是将前面4个锁定按钮同时锁定。

图层缩略图：图层缩略图也叫作图层缩览图，是用来分辨图层中的图像内容的，可以从这里看到一个缩小显示的图层的图像。此处有隐藏功能，按住Ctrl键的同时点击缩略图可以调取该图层选区。

图层蒙版缩略图：图层蒙版缩略图也称为蒙版缩览图，此处是用来显示蒙版中所进行处理的操作小图，也可以区分蒙版的操作内容。此处有隐藏功能，按住Ctrl键的同时点击蒙版缩略图可以调取该图层蒙版选区。

图层名称：也就是图层的名字，主要用于区分图层，在图层名字区域双击鼠标后是可以随意更改图层名称的。

图层多功能区域：此处很多人不太熟悉，在此处单击鼠标右键可以调出隐藏的下拉菜单，里面有很多关于图层的操作命令，如图2-2-8所示。

图层隐藏/显示开关：图层左边的小眼睛图标就是用于隐藏和显示图层的，当眼睛为关闭状态则该图层隐藏，反之则显示图层，如图2-2-9所示。

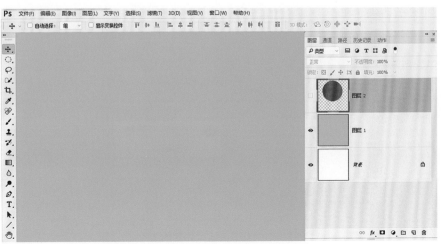

图2-2-9

　　图层背景锁：照片打开时默认都是带着背景锁的，此时背景层不能在文件当中进行移动，只可拖动到另一个文件。双击图层即可解除背景锁，解锁后可以进行位置移动。

　　删除图层："删除图层"按钮是一个垃圾桶的标志，选中不需要的图层后点击该按钮即可删除该图层。

　　创建新图层：创建新图层就是在图像中建立一个没有任何内容的完全空白的透明图层，单击此按钮即可创建新图层。

　　创建图层组：图层组是用来管理图层的，可以对相同类型图层进行分类，功能类似于计算机中的文件夹，单击此按钮可以创建一个新的图层组。

　　创建新的填充或调整图层：此按钮也称为调整层按钮，是用来创建调色用的调整图层，此处存在和图像菜单下调整中相同的调色命令，只不过是用法有差异，以后会详细介绍。

　　图层蒙版："图层蒙版"按钮是用来给图层添加蒙版的，蒙版内容在图层中属于核心部分，后面会详细介绍。

　　图层样式：此按钮是用来打开图层混合选项及图层样式的，图层样式是用来对图层进行装饰，有很多的效果，如描边、外放光、颜色叠加等，后面会详细介绍。

　　链接图层：链接图层是用于对两个或两个以上图层进行绑定的，当多个图层被链接后可以同时进行位置移动、大小缩放、角度旋转，但不能同时调整色彩和图层样式。

　　通过以上这些内容，大家可以对图层面板中的按钮及选项有一定的了解，希望大家能够熟记每一个按钮及选项的作用，后面的图层操作中一直都会用到。

2.2.3 图层基础操作命令

　　只了解图层的面板后不能算是学会了图层，图层的内容丰富多彩，其中关于图层的最基本的操作命令必须要掌握，这是图层的基础内容，也是学好图层的关键。下面将详细介绍应如何使用图层基本操作命令。

　　新建图层：新建图层是在图层中创建一个完全空白的全透明像素的图层，是图层操作中最常用的一个命令，尤其是在绘制内容时必须要新建图层以方便后面的调整处理。新建图层的方式很多种，可以直接在图层面板点击"新建图层"按钮，可以执行"图层｜新建图层"菜单命令，也可以使用组合键Ctrl+Shift+N来建立。注意，新建图层不等于新建文件，一定要区分这两个命令。应养成建立新图层的习惯，以免给自己带来麻烦。

　　删除图层：在处理图像中，当发现有多余不用的图层或需要删除图层时一定要及时删除。删除图层的方式也有很多种：可以利用图层面板下方的"删除图层"按钮，选中不需要的图层后直接点击该按钮即可删除；将不需要的图层拖动到"删除图层"按钮上也可以删除图层；在图层上单击鼠标右键后可以找到删除图层的选项，在"图层"菜单下也可以找到删除图层选项；选中需要删除的图层，按键盘的Delete键同样也可以删除图层。如此多的删除图层的方法，只需要掌握一种适合自己的就可以，不必全部掌握。

复制图层：复制图层是将一个图层进行完全复制得到另一个一模一样的图层，复制图层不同于新建图层。新建图层建立的是一个完全空白的全透明像素的图层，而复制图层是将已有的图层复制，也许带有图像也许不带有图像（如果复制的是空白图层）。当不确定调整图像的调整效果时可以借助复制图层来保护原始图层不被破坏，或需要添加特效时可以复制图层方便局部擦回。复制图层的操作同样也是有多种方式的，可以将需要复制的图层直接拖曳到"新建图层"按钮上，释放鼠标后即可复制。可以单击鼠标右键选择复制，可以在"图层"菜单下选择复制，可以使用快捷键Ctrl+J复制，也可以按住Alt键并使用移动工具拖曳复制，选择一个自己操作最方便的方式即可。

多选图层：同时对多个图层进行操作就需要将多个图层进行多选，此时可以利用键盘的Ctrl键辅助，按住Ctrl键使用鼠标逐个点击图层即可进行多选。另一种方式是借助键盘的Shift键，按住Shift键后利用鼠标点击一个图层，然后再去点击另外一个图层，那么两个图层之间的所有图层都会被选择。

链接图层：链接图层属于对两个或两个以上图层的绑定，链接后图层可以同时进行缩放、移动、旋转等操作。当多个图层被选中时可以直接点击"链接图层"按钮进行链接，如果想取消链接可以将所有被链接图层全选上再次点击"链接"图层按钮。

合并图层：合并图层是将所有图层合并为一个图层，合并图层有多种方式。可以在图层多功能区域单击鼠标右键，在出现的菜单中选择"合并图层"命令，也可以直接使用快捷键Ctrl+E进行合并。不过这个快捷键在不同情况下作用不同，当只选择一个图层时此快捷键的作用是向下合并；当选择两个或两个以上图层时，此快捷键的作用是合并选中图层。对于鼠标右键菜单中的"合并图层"命令也有不同的解释，向下合并就是从选中图层往下合并一次；合并可见图层是将所有显示的图层进行合并，隐藏的图层将会被扔掉；合并图像就是无论什么图层全部都合并的意思，所以要选择正确的合并图层的方式。

盖印图层：盖印图层是指对所有图层进行虚拟合并，合并后产生一个新的图层，位于图层选定图层的上方。盖印图层一般应用于使用滤镜之前，或进行整体修图之前的合并，为了保持原始图层不被合并而采取虚拟合并。盖印图层在软件中没有相应的命令，可以采取快捷键进行操作，盖印图层的组合快捷键是 Ctrl+Shift+Alt+E。

栅格化图层： 栅格化图层就是将矢量图层、智能图层或文字图层所进行的一个像素化处理，栅格化后的图层可以直接利用编辑图像的工具或命令进行编辑。在图层多功能区域的下拉菜单中可以找到该命令，在"图层"菜单下也可以找到该命令。

调取选区： 调取选区是将图层的图像选区调出，在后期中经常使用这种方式。调取选区的方式是按住键盘 Ctrl 的同时点击图层缩略图，此时可以调出图层图像的选区。

以上这些操作属于图层最基本的操作，希望大家要熟悉这些操作。经常练习，熟能生巧。

2.2.4 了解图层原理

了解图层的面板和基本处理后，现在来研究一下图层的原理，想真正了解图层那么必须要知道图层原理。所谓的图层原理就是指图层的含义，其实将图层形象化就很容易理解了。大家可以找到一些道具，如照片、书本、手机、纸币等，来辅助大家了解图层的原理。

在 Photoshop 软件中打开一张照片，此时在软件中可以看到图层面板里只有一个背景图层，而且是自动带锁的锁定图层。现实中，当拿起一张照片观察照片侧面，只能看到一张照片的纸张厚度，这个纸张厚度与图层是一个意思，如图2-2-10所示。

图2-2-10

如果在软件中再次打开一张照片，并且利用移动工具将这张照片拖曳到上一张照片中，此时可以在图层面板看到有两个图层，如果现实中将两张照片摆在一起，也可以看到照片侧面有两个照片纸张的厚度，如图2-2-11所示。

图2-2-11

　　简单来说，Photoshop软件中的图层就是一张张摆在一起的图像，每一个图层代表一个图像。只是图层中图像的大小、位置、图案等会有差异，大家在画面中看到的图像就是所有图层综合起来所显示出来的效果。如果是新建图层，那就相当于在照片上覆盖了一层透明的玻璃，不会对图像显示效果有影响。如果对图像操作可能会作用到这个"透明玻璃"图层上，因此为了保护原始图层不被破坏，并且以后修改、操作方便，是需要新建图层的。

　　图层原理有两种，一种是遮盖原理，一种是组合原理。所谓的遮盖原理就是上面的图层会遮挡下面的图层，这跟现实中将两张照片摆一起是同样的道理，上面的照片会挡住下面的照片，很好理解。组合原理也不难理解，就是多个图层摆在一起组合出一个新的画面，排版设计及合成就是运用了图层的组合原理，如图2-2-12所示，画面中的笑脸图案是由4个图层中的不同内容组合到一起的效果。

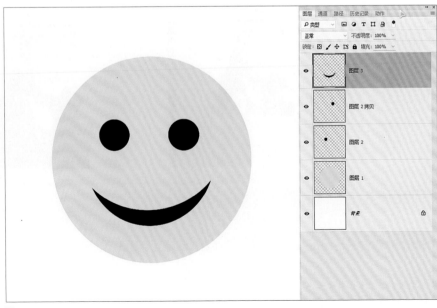

图2-2-12

2.3
Photoshop修饰人像基础操作

摄影后期中人像照片的修饰所占比例是很大的，可以说占据了整个摄影后期的1/3。在人像修饰过程中主要修饰的部分包括穿帮修饰、皮肤修饰、形体修饰，这里只介绍一下最为基本的修饰，也就是先让大家了解在人像修饰中所进行的较为简单的处理，不要小觑这些基本修饰，每一个后期作品都是由基本处理开始的。

2.3.1　人像照片中穿帮的处理

处理穿帮问题在整个人像修饰中属于前期操作，一般情况下都会先去处理照片中所出现的穿帮问题。而且拍照出现穿帮也属于正常情况，尤其是室内拍摄中受到条件的限制总会出现一些穿帮效果。比如，出现摄影灯架、背景破损、多余的人物等，出现这些问题很正常，只要后期中做一些修饰即可解决。

基本的穿帮修饰有3个方式：仿制图章法、内容识别填充法、画笔涂抹法，当然有一些稍微复杂的穿帮可能需要多种方法的结合才能彻底修饰干净。

1. 仿制图章法

所谓的仿制图章法就是利用工具栏里的仿制图章工具进行修饰，修饰过程中有时候会需要选区的配合，这就要求大家必须熟悉仿制图章工具及选区的操作，这种方式比较适合室内人像当中穿帮的修饰。

（1）启动Photoshop软件，打开需要处理穿帮的照片（见图2-3-1），可以看到人物两侧具有一些穿帮的背景，整个照片的色彩明暗有点问题，做好准备开始修饰。

图2-3-1

（2）执行"图像|调整|曲线"菜单命令，利用曲线中的RGB通道调整一下整个画面的亮度及对比度，如图2-3-2所示。

图2-3-2

（3）在工具栏中选择多边形套索工具（可以使用钢笔工具），利用选区工具将需要修饰的部分圈选，此处应注意选择范围不要太小，给仿制图章工具修饰留有可操作空间，靠近人物边缘的部分一定要严谨地贴合人物边缘。选区做好后执行"选择|修改|羽化"菜单命令，设置羽化半径为1像素，羽化的目的是使选区边缘柔和，如图2-3-3所示。

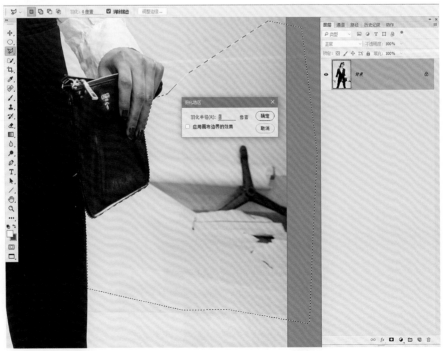

图2-3-3

（4）选区羽化后在工具栏中选择仿制图章工具，设置仿制图章工具的属性，属性设置参考图2-3-4。

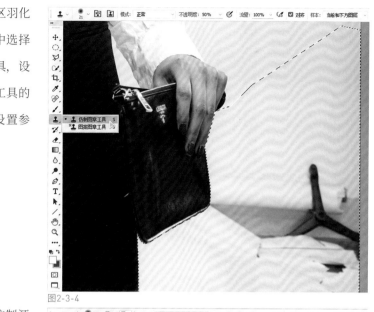

图2-3-4

（5）在仿制源面板中，取消"显示叠加"复选项的勾选，如图2-3-5所示。

图2-3-5

（6）在属性栏中还有一个样本的选择，建议选择当前和下方图层，然后在图层中新建空白图层，这样后面的修饰会变得很方便，如图2-3-6所示。

图2-3-6

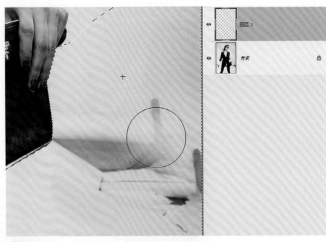

图2-3-7

（7）使用仿制图章工具时记住要按住Alt键取样，取样点位置与遮盖位置不能距离太远，尽量保持取样点位置色彩与遮盖处位置色彩一致或接近，吸取后可以点击以遮盖，如图2-3-7所示。

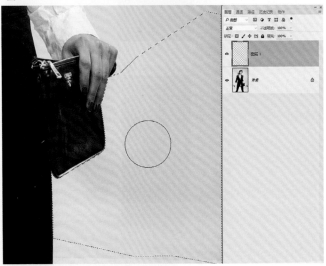

图2-3-8

（8）利用仿制图章工具将穿帮部分全部处理，如果有痕迹产生，再去修饰一下痕迹，要仔细、精确，如图2-3-8所示。

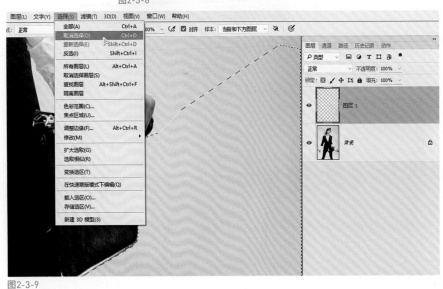

图2-3-9

（9）修饰好这边部分后可以在"选择"菜单下取消选区了，如图2-3-9所示。

（10）以同样的方式选择另外部分的穿帮区域并进行羽化设置，羽化半径同样为1像素，如图2-3-10所示。

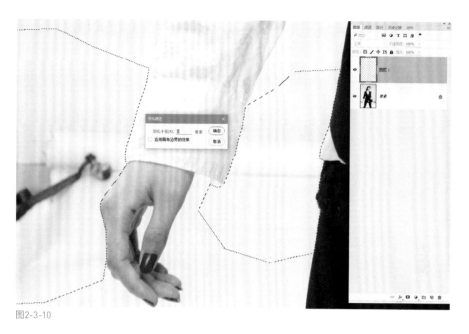

图2-3-10

（11）由于有选区对人物做了保护，在使用仿制图章工具时可以放心大胆地去修饰人物边缘部分，不用担心会破坏人物图像，不过还是要考虑笔圈大小，如图2-3-11所示。

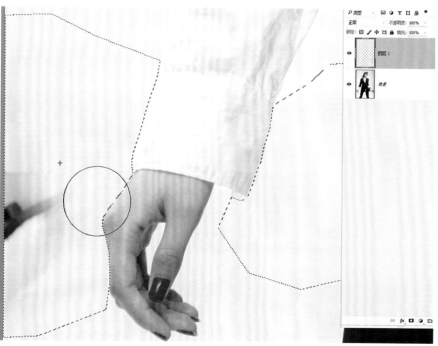

图2-3-11

（12）本部分修饰完毕后同样在"选择"菜单下选择"取消选择"命令，将选区取消，如图2-3-12所示。

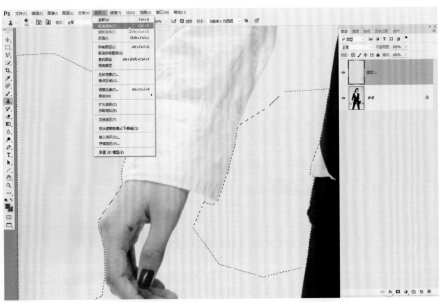

图2-3-12

（13）处理穿帮部分后人像看上去干净多了，欣赏一下，如图2-3-13所示。

（14）做事要善始善终，既然解决了穿帮问题，那花点时间将人物皮肤也修饰一下吧，虽然还没有系统介绍过人物皮肤的修饰，也可以使用仿制图章工具去尝试一下，修饰皮肤后效果如图2-3-14所示。

图2-3-13

图2-3-14

（15）皮肤也修好了，将图层合并一下。在新建的图层上单击鼠标右键，从弹出的菜单中选择"向下合并"命令将图像合并为一层，如图2-3-15所示。

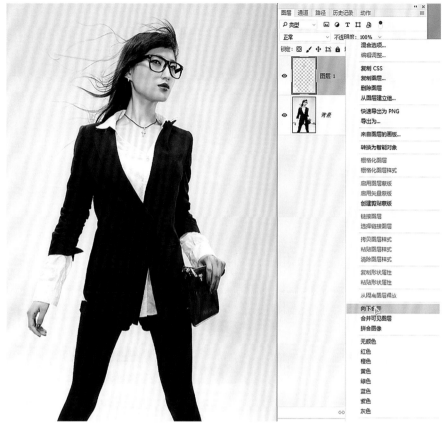

图2-3-15

（16）合并后打开"曲线"命令进一步调整照片的明暗对比，如图2-3-16所示。

图2-3-16

（17）再进入红通道，将底点向右拖曳，给图像中的暗部色彩添加青色效果，如图2-3-17所示。

图2-3-17

（18）接着进入蓝通道，将底点向上拖曳，给画面中的暗部添加蓝色色调，如图2-3-18所示。

图2-3-18

（19）最后进入绿通道，将底点向右拖曳，给画面中的暗部在添加一些洋红色，如图2-3-19所示。

图2-3-19

（20）打开"色相／饱和度"命令，将整体画面的饱和度减少，适当调整一下色相，使画面的色彩柔和一些，如图2-3-20所示。

图2-3-20

（21）执行"滤镜 | 锐化 | USM锐化"菜单命令，将图像锐化处理，参数设定如图2-3-21所示。

图2-3-21

（22）最后的效果如图2-3-22所示。

这就是利用选区结合仿制图章工具的方式来修饰人像中穿帮的部分，仿制图章工具是一个需要长期练习才能掌握的工具，希望大家多练习仿制图章工具的操作。

2. 内容识别填充法

内容识别填充法比较适合外景人像中所出现的穿帮问题，当然室内人像中的一些穿帮问题也同样可以使用内容识别填充来处理。注意，内容识别填充处理必须要有选区存在，而且不需要新建图层，如果新建了图层则内容识别填充将不可用。接下来一起看看如何使用内容识别填充法。

图2-3-22

（1）将需要修饰的照片（见图2-3-23）打开，可以看到画面中有破损背景和多余人物身体部分，这些就是需要修饰的内容。

（2）修饰之前先利用曲线调整一下画面的明暗和对比，打开"曲线"命令，在RGB通道中调整曲线中间点及底点，如图2-3-24所示。

图2-3-23

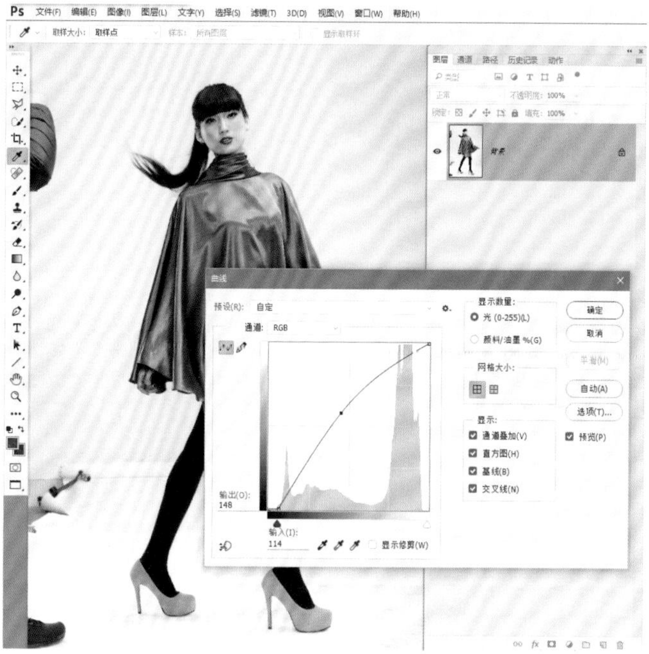

图2-3-24

（3）从工具栏中选择自由套索工具，并设置套索工具的属性，如图2-3-25所示。

图2-3-25

（4）利用套索工具先选择左边多余的胳膊，选择时不需要做精致选择，大概圈出即可，然后在"编辑"菜单下选择"填充"命令，从内容中选择内容识别后点击"确定"按钮即可，如图2-3-26所示。

图2-3-26

（5）以同样的方法利用套索工具选择左边破损背景部分，打开"填充"命令选择内容识别并点击"确定"按钮，如图2-3-27所示。

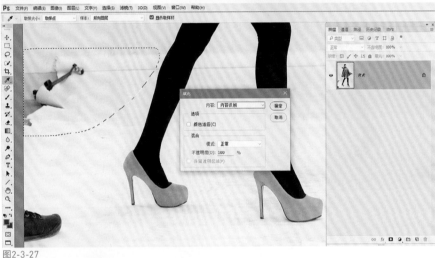

图2-3-27

图2-3-28

（6）按照这种修饰方式将所有穿帮部分大概处理，留有一些小的痕迹可以在后面使用仿制图章工具弥补，内容识别填充修饰后的效果如图2-3-28所示。

（7）接下来修饰一下剩余的一些痕迹和背景脏的部分，由于背景颜色为单一的白色，可以在工具栏中选择快速选择工具，利用此工具选择背景比较方便、快捷，选中后进行1像素的羽化设置，如图2-3-29所示。

图2-3-29

（8）利用仿制图章工具将背景中的痕迹及脏的部分修饰彻底，修饰过程请参考前面的仿制图章法及第一章中仿制图章工具的使用等内容，修饰后的效果如图2-3-30所示。

（9）背景修饰干净后顺便将人物面部皮肤修饰干净，然后进行色彩调整，打开"曲线"命令，进入红通道将曲线最低点向右拖曳，目的是给画面中的暗部添加青色调，如图2-3-31所示。

图2-3-30

图2-3-31

（10）进入曲线绿色通道，将曲线的最低点同样也向右拖曳，给画面中的暗部区域添加紫色效果，要轻微，不可大幅度调整，如图2-3-32所示。

图2-3-32

（11）再进入蓝色通道，将最低点向上方提升，给画面中的暗部增加蓝色效果，如图2-3-33所示。

图2-3-33

（12）接着执行"图像|调整|色相/饱和度"菜单命令，适当降低画面的饱和度，使画面色彩变得柔和一些，如图2-3-34所示。

图2-3-34

（13）最后执行"滤镜|锐化|USM锐化"菜单命令，给画面适当做清晰处理，设置参数，如图2-3-35所示。

图2-3-35

（14）到此照片修饰结束，最终效果如图2-3-36所示。

这就是主要利用内容识别填充，并以仿制图章工具辅助处理人像照片中的穿帮问题，大家一定要多多练习，否则很难掌握这些方法的操作技巧。

图2-3-36

3. 画笔涂抹法

提到画笔涂抹法可能很多人会感到疑惑：画笔只是用来绘画或涂抹用，怎么还能进行修图呢？其实画笔从直观上讲确实只有绘画涂抹的作用，但是深入研究就会发现，其实画笔还有很多功能，如蒙版、快速蒙版、描边路径等都离不开画笔工具。在这里处理穿帮部分也就是应用的画笔的最基本功能，利用画笔将穿帮部分涂抹成背景色不就算

图2-3-37

是修饰了吗？此种方法比较适合单色背景室内照片的修饰，而且要求背景中色彩明暗变化简单柔和。灵活多变是一名优秀修图师必备的素质。

（1）打开需要修饰的照片（见图2-3-37），可以看到人物四周存在一些穿帮内容，而且画面的背景为接近白色的单色，所以比较适合画笔涂抹法修饰。

（2）先用"曲线"命令调整一下画面的明暗及对比，调整参数设置如图2-3-38所示。

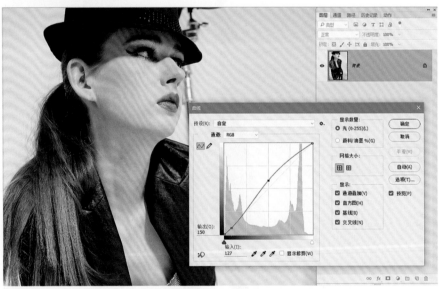

图2-3-38

图2-3-39

（3）接下来就开始处理穿帮部分，先利用选择工具选择右侧上方的部分，选择时贴着人物边缘仔细进行，可以使用自己熟悉的工具，建议使用钢笔工具或多边形套索工具。选择选区后执行"选择|修改|羽化"菜单命令，设置羽化半径为1像素，如图2-3-39所示。

（4）在工具栏中选中画笔工具，设置画笔笔头为柔边缘，不透明度为50%左右，如图2-3-40所示。

图2-3-40

（5）在工具栏中选择吸管工具，利用吸管工具在需要涂抹部分的附近吸取一种颜色，此时前景色将成为吸取后的颜色，如图2-3-41所示。

图2-3-41

（6）再次切换回画笔工具，新建图层，利用画笔工具在羽化后的选区中涂抹穿帮部分，涂抹时尽量柔和，注意不要留下涂抹痕迹，如图2-3-42所示。

图2-3-42

（7）涂抹完成后取消选择，然后重新选择另一个区域，选择后同样需要羽化设置，如图2-3-43所示。

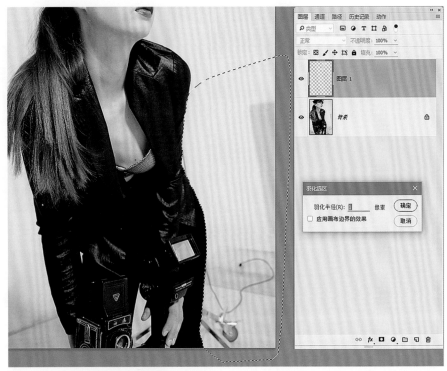

图2-3-43

（8）切换至吸管工具重新吸取颜色，记住要在修饰部分的附近吸取，如图2-3-44所示。

图2-3-44

（9）吸取后利用画笔工具涂抹，涂抹时尽量采取点涂方式，不要按住画笔不放手，如图2-3-45所示。

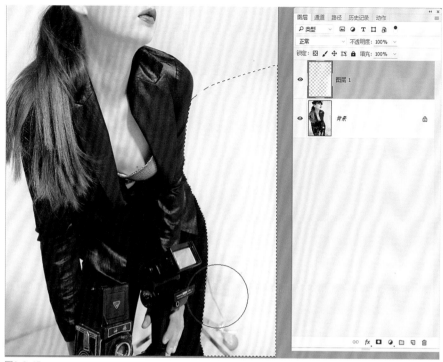

图2-3-45

（10）涂抹后在"选择"菜单下选择"取消选择"，将选区取消，如图2-3-46所示。

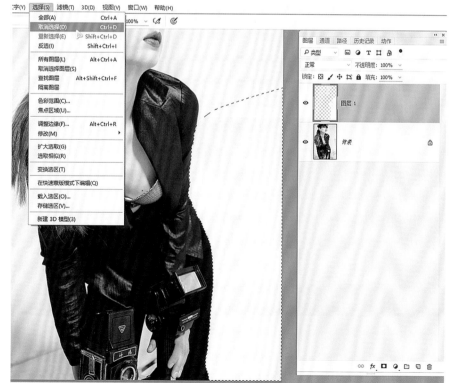

图2-3-46

（11）以同样的方法选择相机三脚架后面部分，然后进行羽化，设置羽化半径为1像素，如图2-3-47所示。

图2-3-47

（12）同样用吸管工具吸取附近部分一种颜色，保持色彩一致，如图2-3-48所示。

（13）然后用画笔涂抹，可以将画面中所有需要处理的穿帮部分进行操作，如图2-3-49所示。

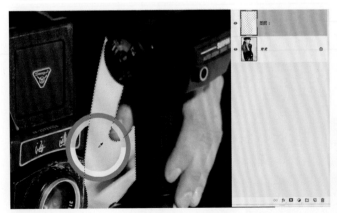

图2-3-48

图2-3-49

（14）还记得前面新建的图层吗？这里需要合并了，在图层上单击鼠标右键，选择"向下合并"命令将图层合并为一层，如图2-3-50所示。

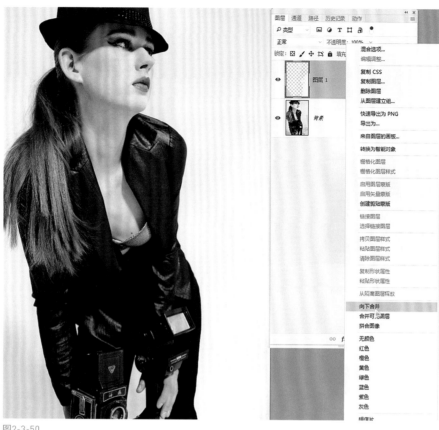

图2-3-50

（15）合并后可以利用仿制图章工具对人物皮肤修饰一下，然后调整色彩，先打开"色相/饱和度"命令，将全图的饱和度降低，如图2-3-51所示。

（16）为了使画面中人物嘴唇的色彩鲜艳一点，再单独选择红色进行饱和度提升，如图2-3-52所示。

图2-3-51

图2-3-52

（17）执行"图像|调整|可选颜色"菜单命令，从中选择黑色进行设置，主要目的就

是给画面中的重颜色加一点色彩效果，如图2-3-53所示。

（18）选中可选颜色中的白色进行调整，目的是给画面中的亮色添加一点暖色调，如图2-3-54所示。

图2-3-53　　　　　　　　　　　　　　　图2-3-54

（19）最后给画面添加一点锐化效果，使画面清晰一些，执行"滤镜|锐化|USM锐化"菜单命令，选择USM锐化，参数设置如图2-3-55所示。

（20）最后的修饰效果出来了，可以对比参考一下，如图2-3-56所示。

图2-3-55

图2-3-56

这就是画笔涂抹方法，是不是比其他方式更容易掌握呢？当然并不是每张照片都适合这种方法，大家还是要掌握多种方法以便能够处理各种情况下的穿帮问题。由于现在的内容都属于基本的内容，所以暂时先给大家介绍这3个修饰穿帮的方法，之后再讲解更复杂的修饰技巧。

2.3.2 人物皮肤的基础美化修饰理论

人像修饰中皮肤的修饰占据了首要位置，处理穿帮部分后就需要进行皮肤修饰，可是在皮肤修饰中并非像处理穿帮那样直接、简单，因为皮肤修饰所包括的知识点太多了。有软件的操作技巧，有美学上的理论知识，只有理论结合实际后方可修出好的人像作品。

前面对于软件工具的应用已经做过简单介绍，在后面的内容中也会详细介绍。在这里将着重讲解修图理论，目的就是使大家了解在修饰人物皮肤时如何把握皮肤的质感及立体感，不至于修出来的图都是没有立体感。

对于人像的面部大家并不陌生，每天大家都能见到家人、同学、同事的面孔。但大家所能看到的只是面部的表面，如果想学好人像精修并达到修片的理想境界，仅仅进行表面化处理是远远不够的。除了在表面观察五官的位置外，大家还要透过皮肤去研究人物面部肌肉、头骨结构等更深层次的内容。掌握面部的结构是修好照片的基础条件，下面将带领大家学习人物面部结构知识。

1. 头骨结构与骨点分布

对于头骨主要掌握两部分内容就足够了，首先是头骨的组成部分，其次是分布在头骨上的骨点位置。

(1) 头骨的组成

对于照片精修过程中所涉及的头骨内容主要是面部前面的几块，所以只要了解部分头骨就可以了。以正面头骨来说其组成部分有顶骨（一般都被头发所遮盖，对于精修无关紧要）、额骨、眉弓骨、鼻骨、颞骨、颧骨、上颌骨、下颌骨。了解各个部分的位置后熟记于心，在精修照片时利用头骨结构知识来定位面部的鼻骨、颧骨的高光位置，如图2-3-57所示。

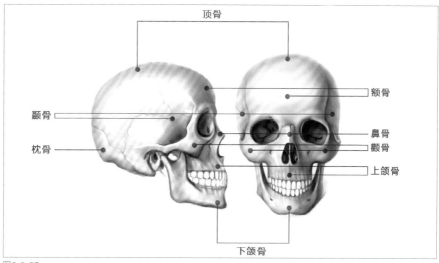

图2-3-57

（2）头骨骨点分布

除了头骨的组成外，大家还要记住的就是头骨的骨骼高点，也叫骨点。他是每块骨骼的高凸点，即便是附着肌肉和皮肤还可以清晰辨别。所以在照片修饰中骨点的位置直接影响了照片中人物面部效果。骨点部分和骨骼名称相同，但是骨点只是一个点，它不能代表整块骨骼。

在人像精修中影响修饰效果的骨点有额丘、眉弓骨、鼻骨、颧骨、下颌骨、下颌结节，如图2-3-58所示。

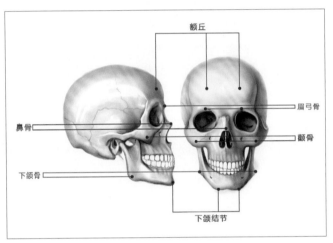

图2-3-58

这些骨点就是要告诉大家人物面部结构各个部分所在位置及高光保留位置。有骨点的位置一般都会产生不同程度的高亮效果，所以在修饰时一定要注意到各个骨点，尽量使高光效果不被破坏，这样就可以保留人物立体感了。

以上就是人物面部骨骼结构，希望每一位修图师都能仔细、认真地研究一下，在修图过程中能够将这些知识点融入进去，真正做到理论与实践结合。

2.面部肌肉的生长走向

人像精修时除了遵循骨骼生长结构外还要遵循面部肌肉生长规律。如果抛开面部肌肉，修出的照片同样会走形或结构发生变化。关于肌肉需要注意的就是面部各部分肌肉的形状及走向，这些肌肉的走向决定了修图工具的走向，下面先认识一下各部分肌肉，如图2-3-59所示。

额肌：额肌的生长走向是纵向的，所以一般情况下在利用仿制图章工具修饰时需要纵向走笔。对老年人、抬头纹较深的人物或遇到特殊情况时要根据照片本身情况适当进行改变。

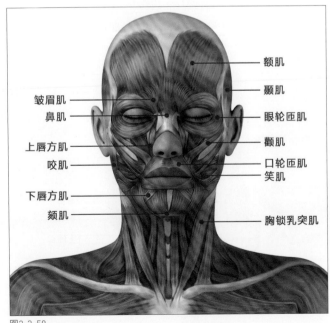

图2-3-59

颞肌：由于颞肌生长部位有头发覆盖，所以除了光头人物造型外一般不需要特殊修饰。

眼轮匝肌：眼轮匝肌生长走向为年轮状，于是在修饰眼睛部分时要仔细把握仿制图章工具的环形走向，以免破坏了眼睛部分的自然性。

鼻肌：鼻肌部分属于特殊情况的肌肉组织，由于要将鼻子修饰得挺拔、立体，所以一般情况下大家只注重鼻梁的高光问题，而忽视了鼻肌的存在。应注意鼻梁两边八字形的鼻肌，仿制图章工具的走向可按照八字形运笔。

颧肌：斜侧包裹颧骨，此处的肌肉不用做太多修饰，从而可以使颧骨尽量保留高光。

咬肌：咬肌贴附在下颌骨的两侧，从表面上观察较为明显，所以此处会比脸的其他部分稍高一些，明度也稍亮一些。

口轮匝肌：口轮匝肌是附着在牙齿外的肌肉组织，同眼轮匝肌生长走向相同也是呈环形生长，所以在修饰嘴巴时也要沿着环形走向运笔。

笑肌：在嘴角两侧，修饰此处时可以采取从外往内运笔，可以减少嘴角走形的概率。

了解了人物面部的骨骼及肌肉后，对于盲目修图的读者应该会有一个新的认识。由于每个人的面貌各异，这套理论知识仅适用于大众面孔，如果遇到特殊情况还需要适当调整修饰方法。

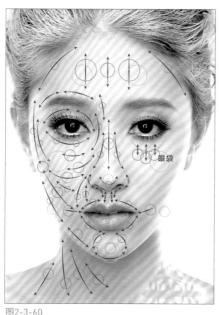

图2-3-60

接下来将上面提到的骨骼结构、骨点知识、肌肉走向等一并在图2-3-60中标示出来，使大家更清楚修饰人像皮肤时何处存在高光，以及仿制图章工具在不同区域应如何走笔。图中绿色圆圈为存在高光的部分，有的是根据骨点而来，有的只是根据光线变化而来；图中红色箭头为仿制图章工具笔头走向，只是大概走向，不是绝对走向；图中蓝色圆圈为不同区域仿制图章工具笔头大小的设置，也是大概设置，并非绝对。此图仅供参考，希望能给大家一点帮助。

关于各个结构及肌肉走向的问题已经介绍得很详细了，大家可以多看看上面这张图，图中标示得非常详细，对于很好地修饰人物皮肤会有很大的帮助。接下来通过演示使大家更深入地了解这些骨骼结构与肌肉生长规律到底是如何运用到皮肤的修饰中的。

（1）启动Photoshop软件，打开需要修饰的照片（见图2-3-61）。

（2）先利用工具栏中的裁切工具对照片的构图进行调整，尽量使照片的构图标准、完美，如图2-3-62所示。

图2-3-61

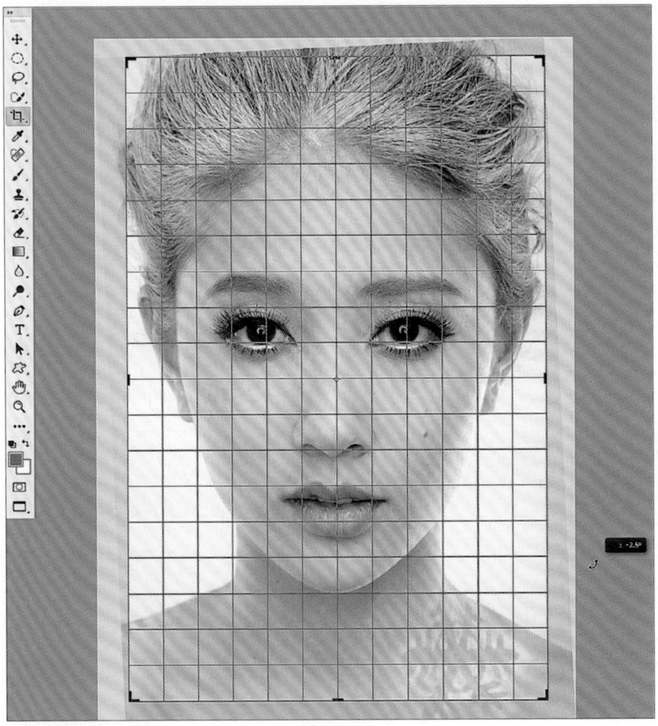

图2-3-62

（3）照片看上去明度和对比度稍微欠缺一点，执行"图像|调整|曲线"菜单命令，在RGB总通道下适当调整一下，如图2-3-63所示。

图2-3-63

（4）在工具栏中选择污点修复画笔工具，设置该工具属性，如图2-3-64所示。准备对画面中明显的污点、发丝进行修饰，需要修饰的部位如图2-3-65所示。

图2-3-64

图2-3-65

（5）经过污点修复画笔的修饰后，画面看上去干净了很多，一般污点修复画笔都会用于仿制图章工具修饰之前，修饰后的效果如图2-3-66所示。

（6）在"滤镜"菜单下打开"液化"命令，虽然还没有讲解"液化"命令，但此处的操作并不复杂，仔细看一下也能掌握。在"液化"对话框中选择第一个向前变形工具，设置其压力为50左右，适当缩放画笔笔圈大小，将人物的脸型、嘴唇等部分适当调整。尽量使画面中的人物面貌变得标准、完美，如图2-3-67所示。

图2-3-66

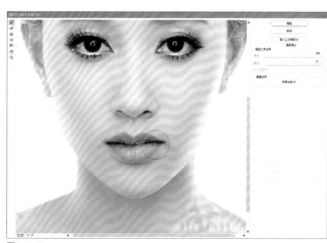

图2-3-67

（7）进行液化操作后就可以使用仿制图章工具修饰细节了，在工具栏中选择仿制图章工具并设置该工具属性，关于属性设置前面已经详细介绍过。新建图层并开始修饰，如图2-3-68所示。

图2-3-68

（8）使用仿制图章工具修饰人物时，初学者最好是从上而下按照顺序处理，先去修饰额头，结合前面所讲到的骨点结构及肌肉走向去运笔，额头部分面积较大，可以将笔圈设置得大一些，如图2-3-69所示。

（9）眉毛上部靠近眉毛处，应缩小笔圈，去修饰细节，此处的走向也已经标示清晰，可以适当将不规律的个别眉毛、毛发处理掉，如图2-3-70所示。

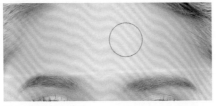

图2-3-69

图2-3-70

（10）眼睛部分比较主要，严格按照眼轮匝肌的环形运笔，这样可以保证眼睛的结构不被破坏，笔圈也不能太大以免破坏了睫毛，如图2-3-71所示。

（11）修饰鼻子时按照鼻梁的高光区域运笔即可，笔圈尽量比高光部分大一些，保持笔圈的直线走笔最佳，此处可以适当将鼻翼两侧往中间挤一下，以突出鼻梁的立体效果，如图2-3-72所示。

图2-3-71

图2-3-72

（12）由于脸部修饰面积较大，依然要将笔圈设置较大的直径，按照颧肌及颧骨的位置去处理，可以向内倾斜运笔，保持光影变化的自然性，如图2-3-73所示。

（13）鼻孔部分属于细节处理，笔圈一定要小，包括鼻翼及鼻底部分，如图2-3-74所示。

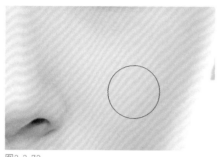

图2-3-73　　　　　　　　　　　　　　　　　图2-3-74

（14）嘴部修饰按照口轮匝肌的走向运笔，笔圈不能太大，需要注意的是人中及下嘴唇凹陷部分需要特殊处理，下巴处理应保持光影效果，笔圈可以放大，如图2-3-75所示。

（15）脖子部分也不能忽略，沿着胸锁乳突肌修饰，笔圈可以放大，如图2-3-76所示。

图2-3-75　　　　　　　　　　　　　　　　　图2-3-76

（16）局部修饰完毕以后，如果有不均匀的部分，可以适当减少仿制图章工具的不透明度并放大笔圈再去涂抹均匀，效果不要太过就行，如图2-3-77所示。

（17）现在可以将前面的新建图层的不透明度适当减少（因为所有修饰都是在此图层上完成的），来恢复一下修饰之前的质感，适当把握具体参数，如图2-3-78所示。

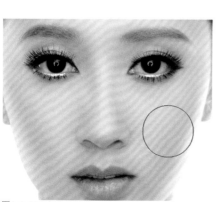

图2-3-77　　　　　　　　　　　　　　　　　图2-3-78

（18）在新建图层的多功能区域单击鼠标右键，在弹出的菜单中选择"向下合并"，将新建图层与背景图层进行合并，如图2-3-79所示。

图2-3-79

（19）执行"滤镜|锐化|USM锐化"菜单命令，使人物变得清晰一些，一边观察效果一边调整具体参数，如图2-3-80所示。

图2-3-80

（20）接下来就是调色环节了，执行"图像|调整|色相/饱和度"菜单命令，将画面饱和度适当减少，得到略低的饱和度的效果，这样看上去比较时尚，如图2-3-81所示。

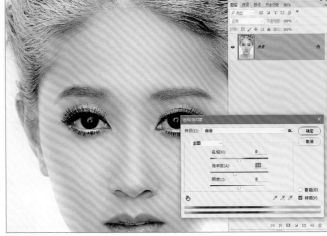

图2-3-81

（21）打开"曲线"命令，选择绿通道，将最低点向上调整，给照片中的重颜色添加绿色，如图2-3-82所示。

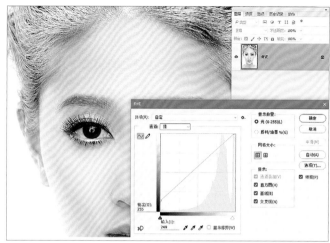

图2-3-82

（22）切换到蓝通道，将最低点向上调整，顶点向下调整，给画面中的重颜色添加蓝色，亮颜色添加黄色，如图2-3-83所示。

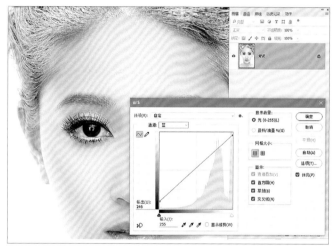

图2-3-83

（23）回到RGB总通道，将最低点向右调整，增加一下画面中的重颜色，如图2-3-84所示。

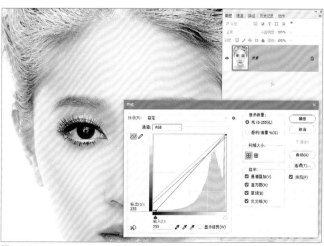

图2-3-84

（24）到 此 整个修饰过程结束，修饰后的效果如图2-3-85所示。

图2-3-85

　　上面这张图像的修饰几乎完全运用了前面讲到的骨骼与肌肉的内容，所以说修饰一张人像不能只靠使用工具的熟练程度。必须要结合理论，理论结合实际才是硬道理。建议大家以后修饰人像时一定要想到这些理论。当然，对于一张人像的完整修饰，这些理论是远远不够的，后面的内容中还会有更详细的介绍。

2.3.3 外挂滤镜辅助修饰人物皮肤

　　特别声明：由于版权问题，本节中所涉及的所有磨皮插件配套资源不提供相关文件，请自行下载。下载后只可用于个人练习，不得用于商业用途。书中注册方法仅供参考，强烈建议大家购买正版软件。

　　下面将介绍磨皮滤镜相关内容。

　　磨皮滤镜本身是不在Photoshop软件中的，需要大家自己下载并且安装到Photoshop软件的滤镜里面，所以又称为外挂滤镜，也有人称为磨皮插件。有关磨皮的插件滤镜很多，在互联网搜索一下就能搜到十几款软件，当然是否都那么好用还有待研究。不过在这里需要说明一点：磨皮插件只是用于辅助操作者对人物皮肤或其他内容的修饰，并不是主要依赖磨皮插件。

毕竟磨皮插件属于自动化柔肤处理，缺少了主观能动性及详细的分析能力，并不是每次磨皮后的效果都令人满意，必须还得需要通过人工的修饰才能完美。当然，如果大家对照片修饰要求不高，那么可以完全靠磨皮来完成。

在这里只介绍3款插件，这3款插件经过笔者多次实践操作还是比较好用的，操作简单，效果明显。这3款软件分别是：Kodak、Portraiture、Noiseware，请自行到这3款软件各自的官方网站进行购买。无论哪种滤镜插件都需要大家动手安装到软件里面，所以先给大家介绍一下这些插件是如何安装的。再次需要说明的是，这3款软件目前对于

图2-3-86

Photoshop CC及64位 Photoshop CS6不是很兼容，有的 Photoshop 版本是不能安装的，如果大家想使用这3款软件那就安装一个相对低版本的 Photoshop，建议安装 Photoshop CS5。以下安装方法以 Photoshop CS5为例，其他版本的 Photoshop 请自行试装。

（1）这些滤镜插件的安装都是以复制的形式进行的，只要找到每个滤镜插件的主文件即可，滤镜文件的主文件就是后缀名为.8bf的文件。在每个软件的文件夹中将图标显示到最大，找到带有PLUG-IN字样图标的文件，将其复制出来，将3个软件的主文件都复制到一个文件夹里。

（2）将3个滤镜文件同时选中，单击鼠标右键后选择"复制"。

（3）回到电脑桌面找到Photoshop CS5软件的快捷方式图标，在图标上单击鼠标右键，选择最下面的属性，如图2-3-86所示。

（4）在弹开的"属性"对话框中点击下方的"打开文件所在的位置"按钮。

（5）此时将会打开安装软件的目录文件夹，在文件夹里找到一个名为Plug-ins的文件夹，双击鼠标打开，如图2-3-87所示。

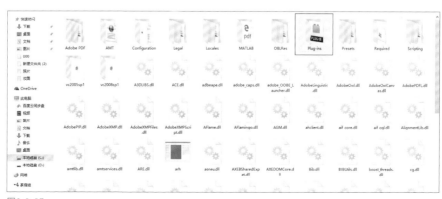

图2-3-87

（6）在此文件夹的空白处单击鼠标右键，选择"粘贴"命令，如图2-3-88所示。

图2-3-88

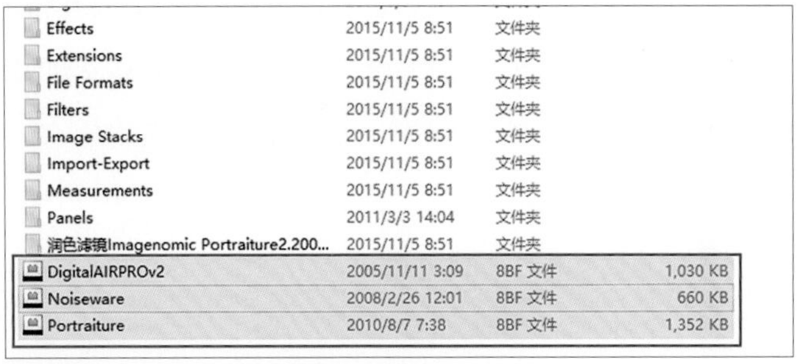

图2-3-89

（7）粘贴完后就可以看到前面复制的3个滤镜主文件已经放进Plug-ins文件内，如图2-3-89所示。

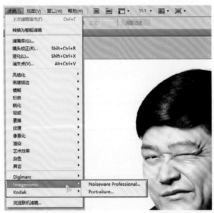

图2-3-90

（8）此时打开Photoshop CS5软件并且打开一张照片，在"滤镜"菜单下看到多出了两个滤镜，这就证明安装成功，剩下的就是注册使用了，如图2-3-90所示。

到此滤镜插件的安装方法介绍完毕，不同版本的安装也许不同，但大体步骤都是如此。关于需要注册的滤镜软件，将在后面的软件讲解中介绍，先安装插件是第一步。

1.Kodak

先介绍一下Kodak软件，此款磨皮软件应该说是操作性及效果都比较不错的一款软件，唯一的不足就是运行时消耗内存比较大，所以当使用此款软件时最好结合选区采取局部处理法。此软件需要注册才能使用，如果不注册，磨皮后的照片将会出现很多的"Kodak"水印。当然注册方法也不复杂，下面介绍一下注册步骤。

（1）启动Photoshop软件后打开一张照片，然后在"滤镜"菜单下打开Kodak之后会弹出一行英文提示，点击这行英文提示后在弹出的界面中点击"购买／更新"按钮，如图2-3-91所示。

（2）接着在弹出的"输入注册信息"对话框中的注册号栏输入注册序列号即可，建议购买正版序列号，点击"在线购买"按钮可以进入购买页面，如图2-3-92所示；或者选择试用版进行试用。

图2-3-91

图2-3-92

（3）输入注册序列号后点击"好"按钮，接着还会弹出一个联网检测注册号的提示对话框，点击"确定"或"取消"按钮都可以完成注册。注册完毕后可以在Kodak软件界面标题栏看到显示"已注册"，如图2-3-93所示。

图2-3-93

既然注册完毕了，那就介绍一下这款软件的操作吧，从界面中就可以看出各区域作用及调整方法，如图2-3-94所示。

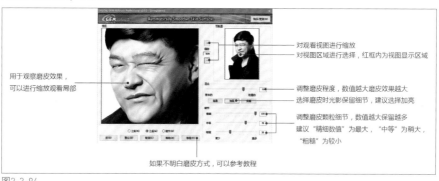

图2-3-94

2.Portraiture

Portraiture软件在磨皮插件中算是比较专业的一款软件，界面风格以黑色为主，功能也强大了很多，除了可以对图像进行磨皮以外还可以对图像进行锐化处理，而且软件中自带了肤色蒙版功能，不过缺点就是操作上显得复杂了，不太适合初学者。

Portraiture软件同样需要进行注册才能使用，先介绍一下注册方式吧。

（1）启动安装了Portraiture插件的Photoshop软件，打开一张照片后在"滤镜"菜单下找到Imagenomic，该子菜单中有两个选项，下面一个选项为Portraiture，如图2-3-95所示。

（2）点击Portraiture后出现一个"许可协议"对话框，在这里点击"接受"按钮就可以了，如图2-3-96所示。

图2-3-95

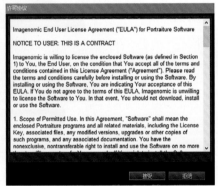

图2-3-96

（3）接着会出现"关于Portraiture"对话框，在此对话框中点击"购买许可证"按钮，可以进入到相关链接进行购买。购买后得到注册序列号，然后点击"安装许可证"按钮，如图2-3-97所示。

（4）此时才真正进入到注册界面，注册信息中的4项都必须要填写，如图2-3-98所示。

图2-3-97

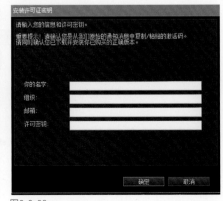

图2-3-98

（5）"你的名字""组织""邮箱"请根据自己的个人信息进行填写。"许可密钥"是关键，是不能随意填写的，将你购买的产品密匙文件夹打开，找到安装文件夹里面的重要说明，如图2-3-99所示。

（6）选择注册码，单击鼠标右键后选择复制，如图2-3-100所示。

图2-3-99

图2-3-100

（7）在"安装许可证密钥"对话框中，把许可密钥粘贴到第4个框里面，如图2-3-101所示，然后点击"确定"按钮。

图2-3-101

图2-3-102

（8）确定后出现一个提示注册成功的对话框，点击"确定"按钮，如图2-3-102所示。

图2-3-103

（9）再次点击"确定"按钮即可弹出软件操作界面，此时就可以使用Portraiture了，如图2-3-103所示。

注册完毕后，就可以使用该磨皮软件进行照片的磨皮操作了，先了解一下界面吧，如图2-3-104所示。

选择预设效果　选择改变视图对比：无对比、上下对比、左右对比

调整磨皮效果，数值越大则磨皮效果越明显

设定某区域颜色进行磨皮，可以通过吸管工具加选，可以通过下面的色彩调整改变色彩

用于图像质感颗粒的增强及色彩冷暖、色彩色调、明暗，对比度的调整

预览视图，可以预览观察对图像磨皮后的效果，可以进行前后对比，对比形式可选择

可以选择预览视图所显示区域，中间红框内为显示区域

调整滑块可以对视图进行缩放

图2-3-104

图2-3-105

图2-3-106

在这款磨皮软件中其实大部分调整选项已经很明确了，根据名称就能知道是什么意思，这里主要说一下肤色蒙版，图2-3-105中这些设置需要详细了解。肤色蒙版其实就是利用吸管选择皮肤色，这样就可以定位类似皮肤色的区域进行磨皮，而其他区域不磨皮或很少磨皮。如果定位不是很准确或范围不合适，可以通过下面的色调、饱和度、亮度、曝光度等选项进行详细定位调整。也可以利用上方的羽化调整被磨皮区域与不磨皮区域的柔和过度，通过不透明度来调整被磨皮区域的蒙版强度，通过模糊来调整被蒙版区域的扩散性。当选定被磨皮区域色彩时，就可以在蒙版预览框里看到所选择的区域样式了，如图2-3-106所示，图中有颜色区域为被磨皮区域。

此款磨皮滤镜除了磨皮功能以外，还可以对照片进行清晰及颗粒增加锐化等操作，也可以改变画面色调及对比度等，简单的应用即可满足日常人像皮肤的磨皮要求，但相比另外两个软件来讲还是稍微复杂一些，最终选择哪款磨皮软件由大家自己决定，笔者建议选择Kodak软件。

3.Noiseware

此款软件其实是Portraiture的一个前身，因为里面很多的功能及参数都是类似的，只不过此款软件中缺少了肤色蒙版，又有点类似于第一个Kodak，不过这款软件的磨皮效果不如Kodak软件的制作出的效果质感好，有关界面与参数不做详细解释，学习前两个软件后应该能看得明白。

前面所涉及的修图工具及人像修饰理论是人像后期中的核心内容，所以大家要对每一个修图工具研究透彻，必须要多多练习仿制图章工具来熟悉他。关于那些骨骼、肌肉的理论在修饰人物皮肤时要运用进去，不要再盲目地操作。至于磨皮插件，仅以此作为辅助，不要过度依赖，想追求高质量的人像修饰效果，要慎用磨皮。

本节中所涉及的插件建议大家从正确途径购买正版，支持知识产权，支持正版。试用版试用期过后，请购买正版或者卸载使用。

2.4

Photoshop 修饰风光照片基础操作

前面对人像内容作了一些介绍，下面将介绍风光照片的修饰。风光照片不同于人像修饰，其中没有了最让人头疼的皮肤部分，但是也不能忽视轻视风光照的处理。想很好地修饰风光照，大家还需要学习更多的内容，对于一些风光照的小技巧还是需要掌握一些的，如全景照片的拼接调整、多重曝光的调整、二次曝光的后期实现等，这些在风光后期中是比较常见的操作。除了这些还需要了解风光照的修饰流程，知道风光照片中需要修饰哪些内容等。

2.4.1 全景风光照片的拼接

先介绍一下全景照片的拼接吧，虽然现在很多相机或手机中已经拥有了拍摄全景的功能，但是利用电脑后期进行拼接还是占有优势的，可以对拼接好的照片进行进一步的处理。拍摄风光经常会遇到大场景，但是由于相机分辨率问题无法很清晰地全部一次拍摄下来，即便能拍出来、画面的质量也会逊色很多。因此可以采取同场景多张拍摄的方法将画面拍摄完毕，接着通过 Photoshop 进行全景拼接操作来得到清晰的大场景画面。这种方法被称为照片的全景拼接，当然拼接时还是需要一定的操作技巧才能完成。

全景照片的拼接其实就是将拍摄的多张照片进行无缝拼接，当然在拼接过程中需要进行一些命令的操作，下面介绍一下全景风光照片的拼接。

1. 全景图拼接前的拍摄要求

想进行全景图拼接，在前期拍摄时是有一定要求的，首先要谈的就是拍摄时的机位要求。对于全景图的拍摄来说不能像正常拍摄那样，因为要想进行全景拼接是需要多张拍摄的而且所拍摄的内容需要水平或垂直推移，这样对于拍摄机位就有一定要求了。固定机位是最常用的一种方式，利用三脚架固定相机机位，通过云台进行角度旋转拍摄。当然最好的方式就是利用轨道进行水平拍摄或通过摇臂进行垂直/水平拍摄。不过一般的摄影爱好者还是不能配备轨道和摇臂的，当然没有轨道、摇臂也可以拍摄。手持拍摄是最简单、方便的，不过要求稳定性很强才可以，拍摄时机位尽量不要上下或左右摆动，尽量保持水平或垂直。

除了机位就是拍摄构图，对于需要进行拼接的照片拍摄时不能随意构图，必须保持前后或上下存在一定的衔接，衔接比例在一张照片的1/4~1/3即可，只有这样才能保证拍摄的照片能够完美拼接到一起。无论是上下还是左右都要保留这个拼接，如图2-4-1所示。

图2-4-1

在分拍时，照片曝光的控制也很重要，必须要保持所有拍摄的照片曝光、对比、色调等尽量一致。如果出现差异，拼接时有的照片也许将不会被系统识别，当然拍摄中无法避免不出现差异，也可以在后期中先去将所有照片的曝光、对比、色调调整成一致后保存，然后进行拼接。

这3个要求是完成全景拼接的关键，所以大家在拍摄时一定要注意到这些，尽量使自己的拍摄照片成功拼接。

2. 全景图拼接的优势

为什么要进行全景拼接呢? 拍摄一张广角效果进行裁切不一样吗? 也许有人会有这样的疑问，那现在就来分析一下为什么要进行分拍后进行全景拼接。

首先，全景图的拼接可以实现在单张照片中无法拍摄的细节，可以实现单张照片无法完成的高清全景大图。在不减少画面像素、不进行裁切内容的同时保持画面的构图性及质量。可以拥有超大尺寸的高清图像，用于输出大画幅是非常有优势的。

说了这么多，全景图到底应如何进行拼接呢? 下面通过一组照片的拼接来进行演示。

（1）在Photoshop中将需要拼接分拍的照片（见图2-4-2至图2-4-10）打开，打开前设置Camera Raw软件接受JPG或TIFF格式，这样照片就会先进入到Camera Raw软件，先将这些照片的明暗和对比做一些调整，最好是将每张照片都详细调整一下，尽量使所有照片的明暗、对比保持一致，如图2-4-11所示。

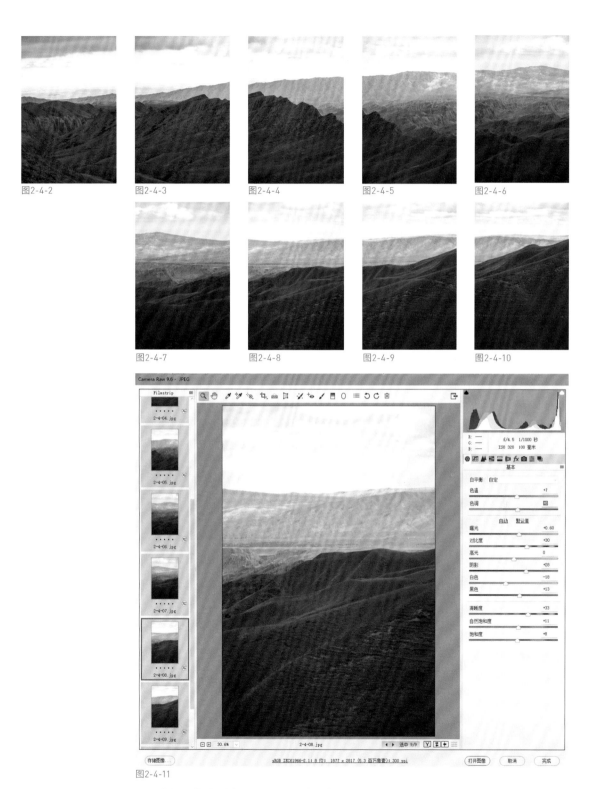

图2-4-2　　　　　图2-4-3　　　　　图2-4-4　　　　　图2-4-5　　　　　图2-4-6

图2-4-7　　　　　图2-4-8　　　　　图2-4-9　　　　　图2-4-10

图2-4-11

　　（2）调整之后在Photoshop中将所有照片打开，然后在"文件"菜单下打开"自动"，找到"Photomerge"命令，如图2-4-12所示。

（3）打开Photomerge命令界面后，在里面选择版面中的自动形式，点击"添加打开的文件"按钮，将打开的照片添加到拼接命令中，如图2-4-13所示。

图2-4-12　　　　　　　　　　　　　图2-4-13

（4）确定操作后系统会自动将这些照片进行拼接，但是拼接后的效果并不是最完美的，也许会出现形状的不足，也许会出现拼接的痕迹，如图2-4-14所示。

图2-4-14

（5）当然这些拼接的痕迹是由于原图的明暗、对比有差异导致的，可以退回到拼接以前，单独调整一下照片的明暗，也可以在拼接后的照片中直接调整相应图层。在有痕迹图层位置单击鼠标右键，然后可以选择该图层，如图2-4-15所示。

图2-4-15

（6）选择后可以执行"图像|调整|曲线"菜单命令，利用曲线适当进行处理，只要痕迹消失就可以，如图2-4-16和图2-4-17所示。

（7）接下来准备调整整个图像的形状，选中所有图层并使用"合并图层"命令将所有图层合并，如图2-4-18所示。

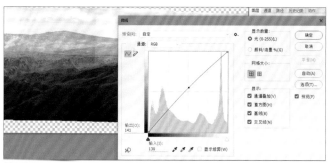

图2-4-16

图2-4-18

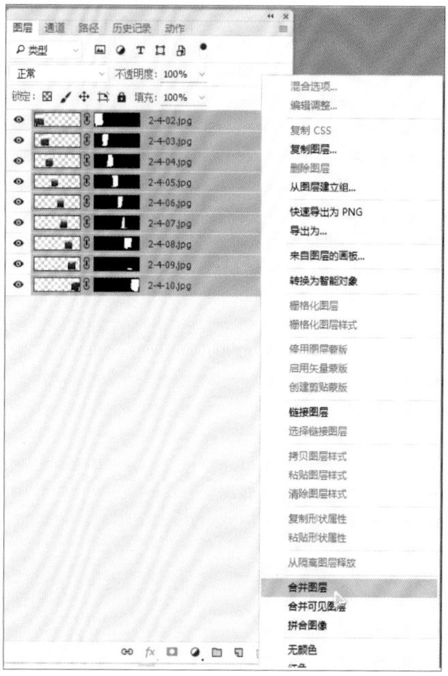

图2-4-17

（8）打开"编辑"菜单下的"自由变换"命令，如图2-4-19所示。当自由变换定界框出现后单击鼠标右键，选择"变形"命令，如图2-4-20所示。

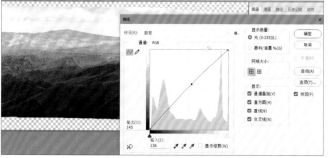

图2-4-19

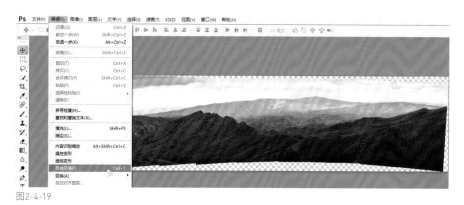

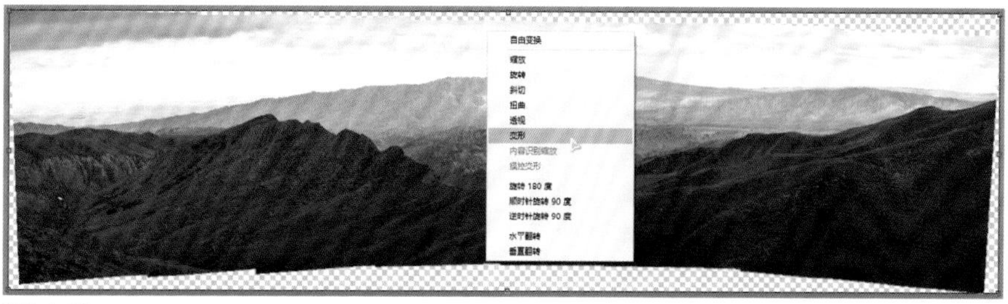

图2-4-20

（9）在变形中去调整边缘的调节点与调节杆，也可以拖曳中间部分，主要就是将图像的空白区域填满，然后适当校准图片中的变形区域，如图2-4-21所示。

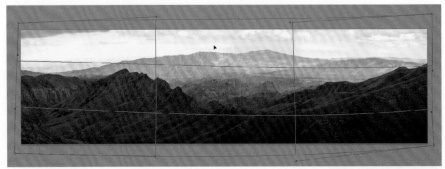

图2-4-21

（10）调整之后可以看到图片形状已经接近完美了，如果还可以看清除痕迹部分，可以利用仿制图章工具或修补工具等适当修饰一下，如图2-4-22所示。

图2-4-22

（11）进一步对图像调整一下，执行"滤镜|Camera Raw"菜单命令，对照片的明暗对比层次等调整一下，如图2-4-23和图2-4-24所示。

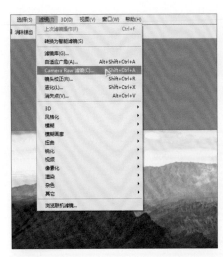

图2-4-23

图2-4-24

（12）进行最后调整后，壮阔的全景图呈现在面前，如图2-4-25所示。

图2-4-25 　　　　　　全景图拼接所遇到的情况会比较多，在这里只介绍了一种，其实无论什么情况通过基本的操作也可以处理好，根据拼接的状况适当去调整即可。

2.4.2 风光照片多重曝光的拼合

多重曝光又称为包围曝光，也叫作HDR合并，都是同样的含义，都是采取不同曝光的方式拍摄同一场景后将分拍照片进行合并而得到一张曝光完全正常的图像。这种手法在风光照片拍摄中是比较常见的，其目的就是将一个场景中无法一次性拍摄完美曝光的图像合并成完美曝光图像。当然此种拍摄手法无论是对前期拍摄还是对后期调整都有严格的要求，并非随意拍摄就能满足的。

1. 多重曝光合成拍摄要求

对于多重曝光照片的拍摄要求非常接近前面所讲到的全景图的拍摄要求，不同的是拍摄多重曝光图像时要求机位完全固定。当固定机位后，不改变其构图场景的情况下采取不同曝光程度的拍摄，同一场景中的各个区域都需要拍摄出一张曝光正常的照片，一定要保证所拍摄的多张照片中已经包括了场景中每个区域都有曝光正常的效果，如图2-4-26至图2-4-30所示。拍摄张数不应该少于3张，其实拍摄的张数越多，最终所表现出来的细节就会越丰富。

图2-4-26

图2-4-27

图2-4-28

图2-4-29

图2-4-30

2. 多重曝光合成的优势

　　既然要使用多重曝光方式来进行拍摄合成，那就说明此种方式存在一定的优势，因此必须要了解清楚该优势所在，只有这样大家才能认识到多重曝光的重要性，才能从主观上重视多重曝光的拍摄方式。

　　多重曝光方式可以真正实现所有区域完美曝光，这个作用是无可厚非的，也是采取这个方式拍摄的主要原因。当然除了这个主要作用以外，采取多重曝光方式拍摄并合成的照片不用经过调色命令的调整处理，对于画面中存在的噪点来说应该是降到了最低。而且由于曝光的完美，那么层次的表现更加丰富，这应该也是大家共同追求的图像效果。

图2-4-31

3. 多重曝光合成的操作步骤

　　讲了这么多，那么多重曝光到底是如何进行操作合并的? 接下来进行详细讲解。

　　(1) 将分拍的照片调入 Photoshop 软件，或执行"文件|自动|合并到 HDR Rro"菜单命令，如图2-4-31所示。

　　(2) 打开此命令后，可以利用"添加打开的文件"按钮将事先打开的照片载入，也可以利用浏览功能找到需要合并的分拍照片，如图2-4-32所示。

图2-4-32

（3）当加载照片后，勾选"尝试自动对齐源图像"复选框，这样即便在拍摄过程中有些许的晃动也可以将其对齐，如图2-4-33所示。

（4）点击"确定"按钮后有时候会弹出一个警示对话框，主要就是提示可能会丢失动态范围，不用理会，再次点击"确定"按钮，如图2-4-34所示。

图2-4-33

图2-4-34

（5）进入细节调整界面，此时看到的图像为系统默认最佳效果，如果不满意可以自行调整，右侧边栏里面存在很多调整参数项，可以根据自己想要的效果去调整，如图2-4-35所示。

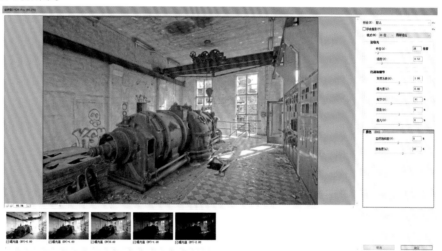

图2-4-35

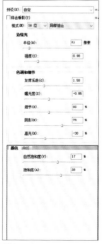

图2-4-36

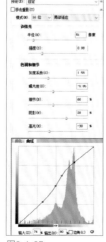

图2-4-37

（6）笔者对于这一组照片按图2-4-36所示进行了调整，这个调整并非数值固定，完全可以自行去调整，如果不明白这些参数的处理可以利用下面的曲线进行调整，此处的曲线等同于Photoshop软件里面的曲线，如图2-4-37所示。

（7）经过一番调整处理，最终可以得到一张曝光完全正常的图像，无论是暗部还是亮部，各层次都可以很好地展示，如图2-4-38所示。

图2-4-38

多重曝光合并在摄影中极为常见，抓住几个关键点即可，利用这样的拍摄方式和后期处理，当拍摄有明显明暗变化的场景时，就不愁无法获得曝光正常的图像了。

2.4.3　风光照片中的二次曝光

大家对二次曝光应该并不陌生，它是一种摄影技巧，在同一个图像文件中显示不同区域、不同场景、不同时间的两个（或多个）图像，可以给人一种虚幻、梦境的感觉。当然，这样的效果在摄影环节可以通过拍摄技巧来实现，也可以通过后期操作来实现，接下来就给大家讲解后期中如何完成二次曝光效果。

1. 后期中的二次曝光存在哪些优势？

下面先谈谈后期中二次曝光的优势。

首先，在后期中操作二次曝光没有了空间与时间的限制，只要想到即可做到。一些被时间或地域限制的无法同时拍摄在一起的内容，在后期中都可以实现，只要能找到素材，如人物和风景、风景和花卉、花卉和天空、天空和动物等，都可以进行二次曝光处理。

其次，利用后期中的二次曝光可以自行控制两种场景所显示的清晰程度，可以控制所显示的区域大小，可以控制所显示的局部细节。

最后，在后期中操作二次曝光完全自主，不但可以实现二次曝光，三次、四次都可以完成。

2. 后期中的二次曝光需要什么素材？

素材是摄影、后期创作的根本，就相当于做饭的材料，"巧妇难为无米之炊"。这个道理大家都懂，想要创作出更精美的作品，那么大家就需要拥有更多的素材。大家可以自行拍摄素材（建议素材都是自己的作品），也可以通过其他途径搜索。素材没有限制，只要是有美感的图像都可以收纳为素材，不但现在的后期制作可以使用，在以后的创作合成、设计排版也可以用到。

素材类别有很多，花卉、花纹、底纹、肌理、星空、风景、动物、人物等，都可以进行搜集，在有需要时可以随时使用。

3. 后期中的二次曝光如何操作？

后期的二次曝光操作其实很简单，完全都是利用前面所介绍的基本内容来完成的。

举一个简单的实例来介绍一下吧，希望大家能够举一反三。

（1）打开一张人物照片，最好是白色背景，如图2-4-39所示。

（2）接着笔者选择了一张花卉的照片并将其打开，依然是以白色为主，如果这张照片与前面一张照片的主色调不同，可能在后面选择图层混合模式时会有所差别，如图2-4-40所示。

图2-4-39

图2-4-40

（3）在工具栏中选择移动工具，利用移动工具将花卉照片拖曳到人物照片中，如图2-4-41所示。

图2-4-41

（4）可以看到花卉照片比人像照片大了很多，在"编辑"菜单下选择"自由变换"命令，将花卉图像适当缩放，如图2-4-42所示。

图2-4-42

（5）更改花卉图层的图层混合模式，利用键盘的上下方向键逐个预览各模式的效果，如图2-4-43所示。

图2-4-43

（6）选择变亮模式后可以得到花卉与人像融合为一体的效果，外形以人像轮廓边缘为界限，如图2-4-44所示。

图2-4-44

（7）选择滤色模式，效果比变亮模式更通透一些，如图2-4-45所示。

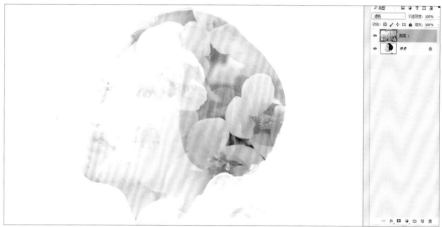

图2-4-45

（8）选择强光模式，人物四周出现花卉，同时人物融合在花卉中间，如图2-4-46所示。

图2-4-46

（9）最终笔者选择了强光模式，可以利用修改图层不透明度的方式去调整显示细节，如图2-4-47所示。

图2-4-47

（10）调整完成后，在图层多功能区域单击鼠标右键后选择"拼合图像"，如图2-4-48所示。

图2-4-48

（11）在"文件"菜单下选择"存储为"命令，修改保存格式为JPEG格式，如图2-4-49所示。

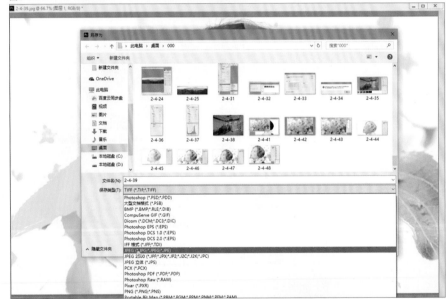

图2-4-49

（12）最终二次曝光的效果如图2-4-50所示，人物与花卉图像融为一体，展现出一种梦幻虚化效果。

这就是二次曝光的神奇效果，这里仅以一个简单实例来说明，希望大家可以真正体会到后期处理二次曝光的精髓，举一反三，能够将自己的作品制作出更为神奇、精美的二次曝光效果。

图2-4-50

2.4.4 照片的整体修饰流程

有很多朋友在修图时会比较迷茫，打开照片后却不知道应如何下手，如何对进行图像修饰成为大部分初学后期的朋友的共同问题。笔者结合多年的修图经验，总结了一套关于修图的流程，可以帮助大家在修图中理清头绪，拥有一个非常合力、清晰的修图思路。不过笔者所总结出来的流程是适合所有图像的，因此并非每张照片中都会严格按照此流程进行，这只是总结性的思路，具体照片还要具体分析。流程的顺序也并非固定，可以根据照片的不同情况或个人习惯适当调整，切勿照本宣科。

照片的后期修饰流程都是根据照片本身来确立的，当打开一张照片时并不要急于进行修饰，花一点时间去分析照片，磨刀不误砍柴工。经过仔细分析后其实就可以得到一个大概的思路，再结合笔者提供给大家的流程就应该可以很好地修饰图像。

1. 构图调整

笔者将构图调整放在了整体流程的第一步，构图是一幅作品的关键部分，他决定了图像的视觉广度、视觉中心、视觉平衡、主体比例等内容。在这里所讲的构图其实就是前面所讲到的二次构图，当打开一张图像，如果构图存在问题，应尽量先去解决构图问题。构图的处理一般会采取裁切或自由变换的方式，详细的二次构图方式可以参考第一章中的"1.4.3 二次构图的操作技巧"。

2. 明暗对比调整

当解决构图问题后可以关注一下照片的曝光及对比度问题，一幅摄影作品是成功还是失败，曝光及对比度起到了决定性作用。画面过暗或过亮都需要调整，画面灰度过多显得雾气蒙蒙，也是需要调整的。对于对比度或明暗的调整一般情况下采取调色命令中的曲线、色阶进行处理，当然需要局部调整时最好结合选区进行处理，这一步调整的目的就是使画面的明暗效果更好，从清晰度上看起来没有雾气弥漫的朦胧感。

3. 色彩倾向校准

色彩倾向校准就是修复偏色，如果明暗对比度都合适了，却出现了偏色问题那也得精心处理。常见偏色问题的原因有光源变化、拍摄时间变化、相机白平衡设置有误。利用常用的调色命令即可校准。

4. 明显穿帮或残缺修饰

对于人像照片来说，穿帮及服装道具有误等明显需要处理的部分较多，对于风光照片而言却很少。无论人像照片还是风光照片，只要发现问题就必须要处理。利用前面所介绍的修饰的工具和命令就可以处理，如修补工具、污点修复画笔、仿制图章工具及内容识别填充等方法。先将这些明显的部分处理完毕，就可以进行下一步了。

5. 局部细节修饰

这一步主要还是体现在人像修饰中，人物的皮肤、发饰等都需要进行非常详细的修饰。仿制图章工具结合选区是最常用的方式，当然采取比较专业的双曲线或灰度处理也是可行的方法。

6. 形体美化修饰

这一步依然是主要针对人像照片处理的，如果是风光照片完全可以跳过此步骤。人像中人物的形体曲线处理不可小觑，对于美丽、性感的美女人像还是很有必要采取这一步处理的。主要应用方式就是利用"滤镜"菜单下的"液化"命令，偶尔会结合自由变换等方式。

7. 层次的压制

一幅作品的细节有一大部分是从层次上体现的，所以图像中层次的处理也占了很重要的地位。主次层次、远近层次、虚实层次等都在这里体现。调整层次没有什么难度，只需要将选区与调色命令中的曲线相结合，再稍加一些滤镜中的模糊效果就可以将图像层次调整得相当完美。

8. 局部色彩调整

所谓的局部色彩调整就是调整与画面整体色彩不协调的部分，如人物的妆容、服饰等，以及风光中的树木或建筑物等。这些色彩会从画面中"跳出"，破坏整个图像的效果，为了使画面整体上看着舒服、协调，可以采取选区结合调色命令来解决。

9. 整体风格色调的添加

前面的所有流程都完成后，最后确定风格色调。根据照片拍摄的风格或自己喜好的颜色去确定一个统一的风格色调，这也是最后的色彩处理了，一般情况是不需要结合选区的，直接利用调色命令即可添加。

10. 存储

到此应该需要调整的都做了处理，如果没有什么需要修改的，那么可以将作品保存了。建议在"文件"菜单下选择"存储为"命令，保存一个分层的PSD格式和一个合层的JPG格式，无论是以后观看还是修改都会很方便。

笔者将一张图像的整体修饰流程总结为10个步骤，这些步骤的前后顺序并非完全固定，也不是每张图像都必须要有这些步骤，完全根据照片的情况来适当调整。有了这个流程估计大家在修图时就会有一个比较清晰的思路了，根据自己的感觉放手前行吧！

介绍了这么多，还是用两张风光照片和一张人像照片的修饰过程为例进行演示吧！

先看一个水乡水墨效果的作品，感谢彭军提供此幅作品！

（1）打开需要进行调整的照片（见图2-4-51），分析后可以得知：整个照片构图需要先做一下调整。

图2-4-51

（2）在工具栏中选择裁切工具，清除裁切工具属性栏中的数值，将照片下部裁切一些，上部留出一些空间，准备将天空拉高，这样整个照片看上去显得更完美，如图2-4-52所示。

图2-4-52

（3）利用矩形选框工具选中部分天空，在"编辑"菜单下选择"自由变换"命令，如图2-4-53所示。

图2-4-53

图2-4-54

图2-4-55

（4）在自由变换中直接将上边的中点向上拖曳至画布边缘，将天空拉高充满画面，如图2-4-54所示。

（5）接下来解决画面中明暗与对比的问题，此照片对比度和明度明显存在明显问题，直接在"滤镜"菜单下打开Camera Raw滤镜，如图2-4-55所示。

（6）在Camera Raw滤镜下调整一些基本参数即可，根据画面的变化去调整曝光、对比度、高光、阴影、白色、黑色、清晰度，随便将饱和度和自然饱和度调整一下，如图2-4-56所示。

（7）通过Camera Raw滤镜调整后画面显得通透、清晰了，如图2-4-57所示。注意不要按照固有参数调整，随时关注画面的变化，灵活掌握每一项的调整。

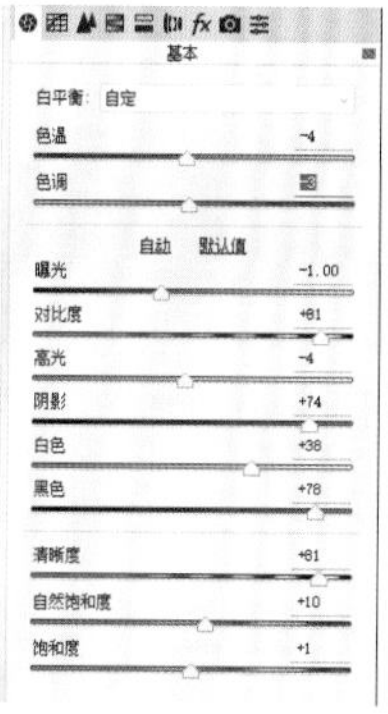

图2-4-56

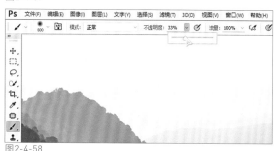

图2-4-57

图2-4-58

（8）选择画笔工具，设置画笔笔头为柔边缘画笔，不透明度设置为30%左右，准备利用快速蒙版进行区域选择，如图2-4-58所示。

（9）点击"快速蒙版"按钮，进入快速蒙版编辑状态，调整画笔笔圈大小后涂抹需要选择的区域，涂抹时一定要注意深浅变化及过度的柔和性，如图2-4-59所示。

图2-4-59

（10）涂抹完毕后退出快速蒙版，得到选区。如果得到的选区不是想要选择的，说明快速蒙版设置不正确，双击"快速蒙版"按钮打开选项，点选所选区域后，重新快速蒙版涂抹。给选区执行"曲线"命令，利用曲线将选中的水面部分适当提亮处理，如图2-4-60所示。

图2-4-60

（11）曲线调整完毕后就可以取消选区了，可以在"选择"菜单下选择"取消选择"命令，如图2-4-61所示。

图2-4-61

图2-4-62

（12）再次进入快速蒙版，利用画笔涂抹天空及远山区域，远山区域着重涂抹几次，注意过度变化，如图2-4-62所示。

（13）退出快速蒙版，得到选区，执行"曲线"命令，利用曲线对远山及天空部分做压暗处理，目的是减少远山的雾气效果，如图2-4-63所示。

（14）以同样的方式，利用快速蒙版选择近处山体与树木的区域，利用曲线增加对比度，如图2-4-64所示。

（15）再次进入 Camera Raw 滤镜，将上次调整的各项进一步调整，使画面变得更清晰一些，具体调整参数如图2-4-65所示。

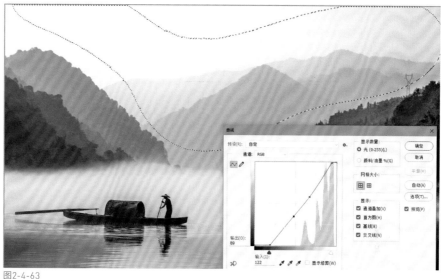

图2-4-63

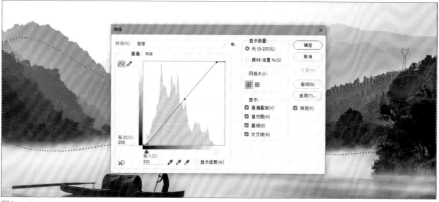

图2-4-64

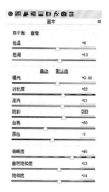

图2-4-65

（16）下面可以对色彩做调整了，执行"图像|调整|色彩平衡"菜单命令，点击"高光"单选按钮后对各项进行调整，接着点击"阴影"单选按钮再次调整各项，直到出现一些青绿山水画面的色彩，如图2-4-66和图2-4-67所示。

图2-4-66

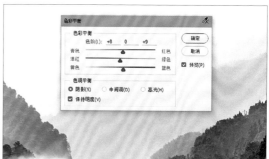

图2-4-67

（17）执行"图像|调整|色相/饱和度"菜单命令，对图像中人物衣服的红色做一下色相及饱和度的处理，目的是使红色的衣服稍微暗淡一些，如图2-4-68所示。

图2-4-68

（18）由于前面所有的操作都是在背景层完成的，此时不需要合并图层，如果调整是在多个图层完成的，此时需要合并图层或盖印图层。将背景图层复制一个，给复制出的图层做高斯模糊处理，模糊半径为15像素左右，如图2-4-69和图2-4-70所示。

图2-4-69

图2-4-70

（19）模糊后利用橡皮工具将画面中心擦除，露出底层，其余部分可以使用不透明度较低的橡皮做过渡柔和擦除，如图2-4-71和图2-4-72所示。

图2-4-71

（20）到这里照片修饰得差不多了，可以添加一些素材。打开一张有书法文字的图片（见图2-4-73）。

（21）利用移动工具将书法文字直接拖曳到修饰好的照片中，如图2-4-74所示。

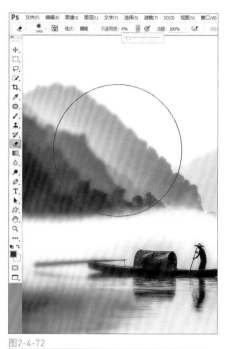

图2-4-72

图2-4-73

图2-4-74

图2-4-75

（22）利用"编辑"菜单下的"自由变换"命令调整一下文字的大小及位置，如图2-4-75所示。

（23）现在画面好像有点单调，再次打开一个书法文字素材（见图2-4-76）。

（24）调整素材位置及大小，将印章部分设置为红色。调取此文字选区，减掉文字选区，剩下印章部分选区，直接填充红色即可，多填充几次，如图2-4-77所示。

图2-4-76

图2-4-77

（25）将所有图层合并，直接在图层多功能区域单击鼠标右键，选择"拼合图像"，如图2-4-78所示。

图2-4-78

（26）拼合后打开"曲线"命令，选择红通道，适当将暗部减少一些红色，亮部添加一些红色，如图2-4-79所示。

（27）选择绿通道，暗部减少一些绿色，亮部增加一些绿色，如图2-4-80所示。

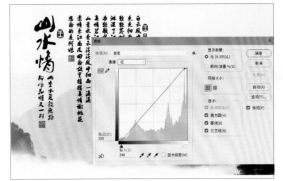

图2-4-79

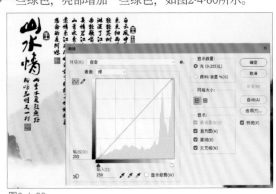

图2-4-80

（28）选择蓝通道，暗部增加蓝色，亮部减少蓝色，如图2-4-81所示。

（29）最后执行"滤镜|锐化|USM锐化"菜单命令，适当使图像清晰一些，如图2-4-82和图2-4-83所示。

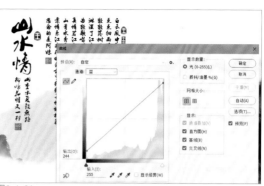

图2-4-81

图2-4-82

图2-4-83

（30）大功告成，一张漂亮、唯美的水墨效果的风光照诞生了，如图2-4-84所示。完成后一定要记得保存，不要前功尽弃。

图2-4-84

怎么样？通过此实例的调整理解了这些操作流程了吗？如果还没明白，接着看下面一张照片的处理，仔细看每个步骤的操作。

再用一张绚丽风光照为例，感谢申东明提供此幅作品！

（1）打开需要修饰的照片（见图2-4-85），此张照片构图也需要处理一下。

（2）在工具栏中选择裁切工具，将照片上下都裁切一部分，如图2-4-86所示。

图2-4-85

图2-4-86

（3）调整构图后进入Camera Raw滤镜，将照片的曝光、对比度、清晰度进行调整，如图2-4-87所示。

（4）经过Camera Raw滤镜调整后画面不再显得雾气弥漫了，无论远处或近处都变得清晰起来，如图2-4-88所示。

图2-4-87

图2-4-88

（5）接下来应该进行局部处理了，同样还是借助快速蒙版来选择局部，进入快速蒙版后利用画笔工具将前景位置涂抹，如图2-4-89所示。

图2-4-89

（6）退出快速蒙版，得到选区，打开"曲线"命令，将前景区域进行提亮操作，如图2-4-90所示。

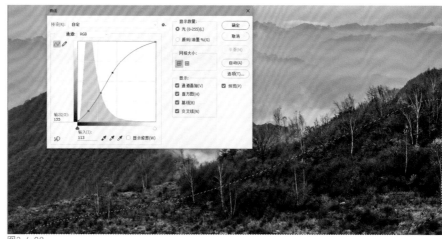

图2-4-90

（7）再次进入快速蒙版，涂抹远山区域，涂抹时注意笔圈大小及涂抹次数的变化，如图2-4-91所示。

（8）退出快速蒙版，得到选区，打开"曲线"命令，将所选区域提高对比度，如图2-4-92所示。

图2-4-91

（9）执行"图像|调整|可选颜色"菜单命令，选择红色、黄色进行调整，主要目的就是将前景区域中树木的色彩调整得更鲜艳一些，如图2-4-93和图2-4-94所示。

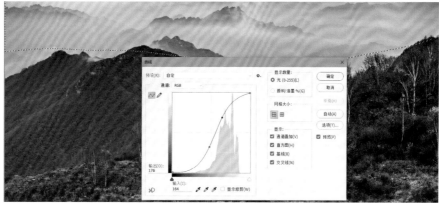

图2-4-92

图2-4-93

图2-4-94

（10）接着选择青色、蓝色进行调整，主要目的就是将远山及天空区域的蓝色、青色调整得更加浓烈，如图2-4-95和图2-4-96所示。

图2-4-95

图2-4-96

（11）最后选择白色进行调整，主要目的是使远山和中景区域的白色云雾更亮、更清晰，如图2-4-97所示。

图2-4-97

（12）再次利用快速蒙版将中景的山区选择，打开曲线并提高对比度，如图2-4-98所示。

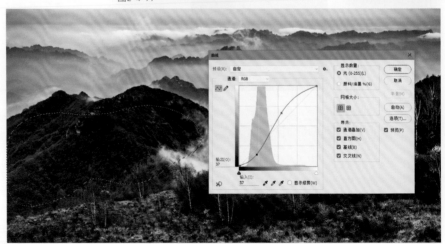

图2-4-98

　　(13) 开始进行色彩色相及鲜艳程度的调整，执行"图像|调整|色相/饱和度"菜单命令，在全图中适当改变色相，使画面的色彩看着更标准一些。适当增加饱和度，使画面变得更鲜艳，如图2-4-99所示。

图2-4-99

　　(14) 给照片整体添加"曲线"命令，在RGB通道适当提亮画面效果，如图2-4-100所示。进入蓝色通道并将暗部适当加蓝色，亮部适当加黄色，如图2-4-101所示。

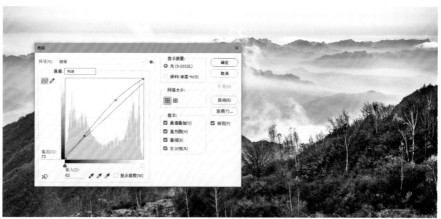

图2-4-100

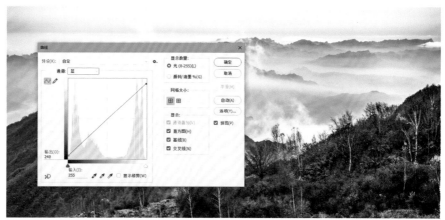

图2-4-101

（15）此时中景区域中山区的对比度还是不够，再次进入快速蒙版，打开"曲线"命令，多点进行对比度的调整，如图2-4-102所示。

图2-4-102

（16）到此调整结束，可以根据画面情况选择锐化处理（此照片清晰度合适，没有采取锐化处理）。最后效果如图2-4-103所示。

图2-4-103

通过以上两个实例的操作，大家应该了解了修饰图像的整体流程。不同的照片也许在具体调整上会有差异，但都大同小异。

接下来再给大家演示一幅人像作品的修饰操作，还是按照此流程进行，仔细观看并分析每一步骤。感谢黄俊卿老师提供此幅作品。

（1）打开一张美女人像（见图2-4-104），可以发现照片下半部分内容多了一些，需要裁切一下。

（2）在工具栏中选择裁切工具，清除其属性栏里面的数值，按住Shift键并拖曳出一个正方形，笔者将照片裁切成了正方形构图，如图2-4-105所示。

图2-4-104

图2-4-105

（3）接下来进入Camera Raw滤镜，对照片的明暗、对比及细节做一些调整，如图2-4-106所示。

图2-4-106

（4）调整曝光、对比度等参数后进入细节层次处理环节，还是进入快速蒙版，比较灵活、易用。设置画笔并进入快速蒙版，利用画笔将人物部分涂抹，以面部为主，可以多涂抹几次。需要注意的是涂抹时一定要保持过渡柔和，如图2-4-107所示。

图2-4-107

（5）退出快速蒙版，得到选区，打开"曲线"命令，利用曲线中的RGB通道将选区部分提亮，如图2-4-108所示。

图2-4-108

图2-4-109

图2-4-110

图2-4-111

（6）在"选择"菜单下点击"取消选择"，将选区取消，如图2-4-109所示。注意，选区在使用后要及时取消。

（7）再次进入快速蒙版，再次涂抹人物部分，这看似与上次涂抹区域一样，其实涂抹次数及涂抹范围有所变化，这就是快速蒙版选择的优势——柔和变化，不留痕迹，如图2-4-110所示。

（8）退出快速蒙版，得到选区，再次打开"曲线"命令，对所选区域进行提亮操作，如图2-4-111所示，确定操作后将选区取消。

（9）进入快速蒙版，利用画笔涂抹照片左边的区域，记住不要涂抹到人物，越靠近外部边缘则涂抹应越重，如图2-4-112所示。

（10）退出快速蒙版，得到选区，打开"曲线"命令，将所选区域进行压暗处理，使四周边缘的明暗协调一些，如图2-4-113所示，然后取消选区。

图2-4-112

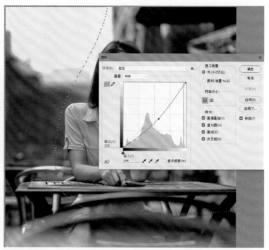

图2-4-113

（11）以同样的方法进行反复操作，再次利用快速蒙版，涂抹照片左侧的背景区域，如图2-4-114所示。

（12）得到选区后利用曲线再次进行压暗处理，如图2-4-115所示，操作完毕后记得取消选区。

图2-4-114

图2-4-115

（13）照片右侧的背景也同样需要处理，进入快速蒙版后用画笔涂抹边缘背景，如图2-4-116所示。

（14）得到选区后利用曲线将选区部分适当提亮，因为此处比左侧背景暗了许多，如图2-4-117所示，操作完毕后取消选区。

图2-4-116

图2-4-117

（15）现在层次处理得差不多了，但是人物皮肤中的局部还是存在一些不均匀区域，再次使用快速蒙版将这些区域涂抹，如图2-4-118所示。

（16）得到选区后利用"曲线"命令做细节处理，提亮即可。但不能一次提得太过，容易留下痕迹，如图2-4-119所示，确定后取消选区。

图2-4-118

图2-4-119

（17）完成层次细节处理后，剩下的就是对色彩地处理了，执行"图像|调整|可选颜色"菜单命令，先选择红色、黄色，对人物皮肤做一些细节调整，如图2-4-120和图2-4-121所示。

图2-4-120

图2-4-121

（18）选择青色，适当调整画面的背景色彩，如图2-4-122所示。

（19）选择白色，对画面中的高光区域进行调整，使画面的明暗反差及立体感更强烈一些，如图2-4-123所示。

图2-4-122

图2-4-123

（20）选择黑色进行调整，使整个画面中的暗部区域带有一些冷色效果，使画面具有一种时尚感，如图2-4-124所示。

（21）色彩处理得差不多了，下面处理皮肤细节。新建空白图层，在工具栏中选择污点修复画笔工具，设置属性后在新建图层上修饰人物面部比较明显的斑点、青春痘等，如图2-4-125所示。

图2-4-124

图2-4-125

（22）接着选择仿制图章工具，一定要设置其属性，利用仿制图章工具将人物皮肤做详细的修饰处理，如图2-4-126所示。

图2-4-126

（23）修饰皮肤完成后将图层进行合并，如图2-4-127所示。

图2-4-127

(24)在"滤镜"
菜单下打开"液化"
命令，选择向前变
形工具，对人物的
形体轮廓、脸型等
做适当变形修饰，
如图2-4-128所示。

图2-4-128

（25）现在来
调整色彩，打开"曲
线"命令，选择分
通道调整色彩：蓝
通道暗部加蓝色，
亮部减蓝色；绿通
道暗部加绿色，亮
部稍微减少绿色；
红通道亮部加红
色，暗部不变。如
此操作后可以看到
照片整体上出现了
一种风格色调，是
那种带有清新感觉
的时尚蓝调，如图
2-4-129、图2-4-130
和图2-4-131所示。

图2-4-129

图2-4-130

图2-4-131

（26）最后一步，执行"滤镜|锐化|USM锐化"菜单命令，将整个照片适当进行锐化处理，如图2-4-132所示。

图2-4-132

（27）大功告成，欣赏一下这幅人像作品最终的效果吧，如图2-4-133所示。

图2-4-133

　　本章所涉及的内容对于以后的学习和工作很重要，建议各位要仔细、认真地将本章中的理论与实例进行研究，为学习后面的内容做好准备。

3

Photoshop后期进阶知识

学习了前面两章内容后，大家对于Photoshop后期基础的一些知识应该掌握得差不多了，下面需要在这些基础之上做进阶学习了，第3章的内容会逐步深入。第3章主要带领大家对于一些辅助操作及色彩的部分知识、图层的深入运用、选区的高级编辑进行更深入的学习和研究。大家应争取在这个阶段完成Photoshop后期学习的晋级，真正进入到摄影后期的世界。

3.1

Photoshop 软件的辅助系统应用

对于Photoshop软件来说，除了前面所介绍到的一些基本工具和命令以外，其实还有很多的辅助功能需要掌握，如果熟练运用这些辅助功能，大家就可以在后期领域很好地进行创作。这些功能有助于实现一些快速的操作，完成一些精确的处理，解决一些比较难处理的问题。

3.1.1 Photoshop 软件中辅助工具的应用

软件的工具栏中存在很多的工具，这些工具除了修饰、选择、绘制工具以外，还有一些是用来对操作进行辅助的工具，这些工具使大家对图像的处理变得得心应手，为后期工作者带来了很大的帮助。下面将依次将这些辅助工具进行介绍，希望大家能够像对待那些修饰、选择、绘制工具一样对待这些辅助工具，这些工具确实很实用。

1. 吸管工具

吸管工具经常被人忽略，大家总认为这个工具在摄影后期领域没有起到什么作用。其实不然，吸管工具在后期中起到的辅助性作用还是比较大的，当大家需要画面中存在的色彩进行填充或进行描边，就可以使用吸管工具将画面中的色彩吸取到前景色中备用。尤其是在前面讲到的画笔涂抹修图法中，吸管工具就起到了极其重要的作用。如果没有吸管工具随时从画面中吸取颜色，那就必须要在前景色中去配色，那样会很耽误时间。

吸管工具的用法也非常简单，选择吸管工具后在画面中，对于需要获取的颜色，在其区域单击鼠标左键，即可将该区域中的颜色吸取到前景色中。

图3-1-1

2. 颜色取样器工具

颜色取样器工具一般是用来在图像中选取不同区域的色彩色值进行对比，尤其是在一个画面中有多个人物时，可以对比不同人物肤色的差异，得到对比结果后可以进行相应的调整。也可以吸取不同照片中不同区域的色值进行比对，比对后可以适当调整，尽量使画面色调一致，如图3-1-1所示。

3. 标尺工具

标尺工具直观上讲可以在图像中测量距离及长度，但是在摄影后期领域很少用到此项功能。不过标尺的拉直功能还是可以用到的，不用调取命令，可以直接使用工具进行拉直操作。当画面中的水平线或垂直线出现倾斜时即可使用标尺工具进行拉直，也算属于二次构图的范围，如图3-1-2所示。直接利用标尺工具沿着本该是水平线或垂直线的方向拖曳，出现一条线（红线区域），此时在属性栏里面点击"拉直图层"按钮即可将图像水平线或垂直线拉直，然后利用裁切工具裁切图像四边的透明区域。

图3-1-2

4. 抓手工具

抓手工具是Photoshop软件中使用频率很高的一个辅助工具，当图像视图放大超出显示区域后，如果需要查看显示区域以外的图像就可以使用抓手工具进行拖动。还有一种情况就是在利用套索工具或钢笔工具也需要进行放大拖动，不过此时不适合去切换抓手工具，可以直接使用键盘的Space键来代替，在任何工具被选中的情况下，只要按住Space键就切换至抓手工具。

5. 缩放工具

缩放工具应该很好理解，根据名称也可以想到是用来对图像显示区域进行放大或缩小的。当图像调整时，如果需要放大观看或修饰细节就需要将图像进行放大，只需要选择放大镜工具在需要放大的区域单击鼠标，或直接用鼠标拖曳即可。如果需要缩小图像，单击鼠标右键后选择缩小即可。当然，如果正在使用其他工具，切换到缩放工具还是有些麻烦，此时可以借助键盘快捷键进行放大缩小操作。放大的快捷键为Ctrl++或按住Ctrl+Space+单击鼠标；缩小的快捷键为Ctrl+–或按住Ctrl+Alt+单击鼠标。

这几个工具都属于辅助类工具，希望大家也应熟悉其操作，这样可以使操作效率大大提升。

3.1.2 Photoshop 软件中辅助命令的应用

除了上面几个辅助工具以外，大家还需要掌握一些辅助用的命令，这些辅助命令会使操作变得简单、方便。

先介绍一下针对操作视图的几个辅助命令吧，这些命令存在于"视图"菜单下，都是设置观看视图的，可以有效地使操作空间具有合理性。

1. 按屏幕大小缩放

"按屏幕大小缩放"命令位于"视图"菜单下，此命令主要就是将图像按照屏幕显示区域进行缩放。当图像缩小或放大后想要快速恢复到原始比例则可以采取这个命令操作，当然也可以直接使用快捷键Ctrl+0进行快速操作。

2. 屏幕模式

屏幕模式同样存在于"视图"菜单下，指的是整个Photoshop界面所显示的模式，在屏幕模式中有3个模式可以选择，这3个模式为：标准屏幕模式、带有菜单栏的全屏模式、全屏模式。

其中标准屏幕模式是最常用到的正常模式，菜单栏、工具栏、属性栏、文件标题栏、浮动面板都会显示在屏幕中，这种模式比较适合初学者，因为初学者对一些命令或工具的快速操作还不是很熟悉，此种模式可以方便初学者查找相应工具和命令，如图3-1-3所示。此种模式可以利用按下Tab键来隐藏工具栏、属性栏、浮动面板，只剩下文件标题栏和菜单栏。

图3-1-3

带有菜单栏的全屏模式即为整个屏幕中没有了文件的标题栏，其余都存在于屏幕中，这样可以对图像直接进行移动，没有了标题栏及画布边框的影响，操作起来比较方便，如图3-1-4所示，此种模式依然可以利用按下Tab键来隐藏工具栏、属性栏、浮动面板，此时画面将成为全屏模式。

图3-1-4

全屏模式即为所有的边栏和面板都会隐藏，只剩下画面内容显示，此种模式适合对软件比较熟悉的操作者，很多的工具和命令可以直接通过键盘快捷键来进行操作，由于没有了边栏或浮动面板的影响，整个屏幕观看直观，操作清晰，如图3-1-5所示。此时如果按下Tab键，被隐藏的工具栏等就会显示出来，方便调取一些没有快捷键的命令。

图3-1-5

3. 显示额外内容

额外内容是指一些不属于画面实际像素的内容，如选区的蚂蚁线、路径线、辅助线，这些都是属于辅助操作的内容，并不是画面中实际存在的像素内容，所以当"显示额外内容"前面的对钩去掉后，这些内容将被隐藏，重新勾选该复选项即可看到这些内容，也可以使用快捷键Ctrl+H来进行快速操作。

4. 网格

"网格"命令位于"视图"菜单下的"显示"子菜单里面，选中网格显示后画面中将会出现很多的辅助网格线，这些网格线可以帮助大家对图像进行平均单位尺寸划分，如果要绘制一些标准的对称图形可以采取网格线进行辅助定位，如图3-1-6所示。

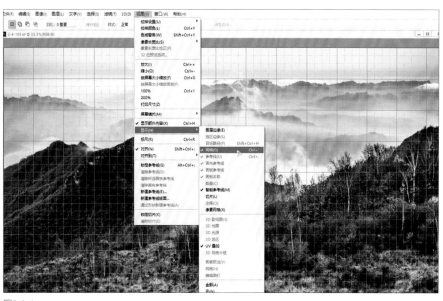

图3-1-6

5. 智能参考线

"智能参考线"命令同样位于"视图"菜单下的"显示"子菜单里面，智能参考线的主要作用就是对图像的移动、缩放、旋转等起到辅助提示作用，可以以红色线的形式提示对齐居中，也可以以数字形式提示间距及旋转角度，可以说是后期拼图操作中比较方便、实用的一个辅助命令。有了智能参考线的提示及辅助，就不会再出现图像无法对齐，如图3-1-7所示。

图3-1-7

6. 标尺

此处的标尺不同于前面讲到的标尺工具，这是一个标尺命令，是在"视图"菜单下的命令。这个标尺被打开后可以在图像文件的上方和左边看到有尺子的图案出现，这其实就是Photoshop软件中的虚拟尺子，如图3-1-8所示，可以通过标尺去计算测量图像文件的距离、宽度、长度等。而且可以从标尺中直接拖曳出辅助线，这在Photoshop的操作中发挥的辅助作用是很大的。

图3-1-8

7. 新建参考线

参考线对于软件操作起到了很大的辅助作用，除了可以从标尺里面拖曳出辅助线以外还可以利用"新建参考线"命令来建立，"新建参考线"命令可以以标准的数值来建立合适的参考线，也可以快速、准确地建立出水平及垂直的中线，如图3-1-9所示。

图3-1-9

8. 清除参考线

清除参考线应该不用做太多介绍，就是将画面中所有的参考线全部清除，当不需要参考线时就可以利用此命令清除。

3.1.3 Photoshop 软件中常用的快捷键

在Photoshop软件中存在着很多的工具和命令，这些工具和命令大部分都是配有快捷键操作的，当然大家不一定要将全部的快捷键记住，这个数量的确很多。其实只要将最为常用的一些工具及命令的快捷键记住就足够了，笔者做了一些整理和总结，因个人习惯不同，所列快捷键多少会有差异，仅供参考。如果需要了解全部Photoshop快捷键可以参考"窗口"菜单下工作区里面的键盘快捷键命令，里面将所有的工具快捷键及命令快捷键都罗列出来了，或可以通过互联网获取。

1. 常用工具快捷如下。

（多种工具共用一个快捷键，可同时按 Shift 加此快捷键选取。）

- 矩形、椭圆形选框工具"M"
- 裁剪工具"C"
- 移动工具"V"
- 套索、多边形套索、磁性套索"L"
- 魔棒工具"W"
- 画笔工具、铅笔工具"B"
- 仿制图章工具、图案图章工具"S"
- 历史记录画笔工具"Y"
- 橡皮工具"E"
- 模糊、锐化、涂抹工具"R"
- 减淡、加深、海绵工具"O"
- 钢笔、自由钢笔、磁性钢笔"P"
- 文字工具"T"
- 渐变工具、油漆桶工具"G"
- 吸管、颜色取样器"I"
- 抓手工具"H"
- 缩放工具"Z"
- 默认前景色和背景色"D"
- 切换前景色和背景色"X"
- 切换标准模式和快速蒙板模式"Q"
- 标准屏幕模式、带有菜单栏的全屏模式、全屏模式"F"
- 临时使用移动工具"Ctrl"
- 临时使用吸色工具"Alt"
- 临时使用抓手工具"Space"
- 笔圈缩小"["，笔圈放大"]"

2. 常用文件菜单快捷键如下。

- 新建图形文件"Ctrl+N"

- 打开已有的图像"Ctrl+O"

- 关闭当前图像"Ctrl+W"

- 直接保存图像"Ctrl+S"

- 另存为"Ctrl+Shift+S"

3. 常用选区快捷键如下。

- 全选"Ctrl+A"

- 取消选择"Ctrl+D"

- 重新选择"Ctrl+Shift+D"

- 羽化"Shift+F6"

- 反选"Ctrl+Shift+I"

- 路径变选区"Ctrl+Enter"

- 载入图层／通道／蒙版／路径选区"Ctrl+单击图层／通道／蒙版／路径的缩略图"

4. 常用滤镜类操作快捷键如下。

- 重复上次所做的滤镜"Ctrl+F"

- 液化滤镜"Ctrl+Sift+X"

- 镜头矫正滤镜"Ctrl+Sift+R"

- Camera Raw滤镜"Ctrl+Sift+A"

5. 常用视图操作快捷键如下。

- 放大视图"Ctrl++"

- 缩小视图"Ctrl+—"

- 满画布显示"Ctrl+0"

- 显示／隐藏选区、参考线"Ctrl+H"

- 显示／隐藏标尺"Ctrl+R"

- 显示／隐藏网格"Ctrl+引号"

- 显示／隐藏画笔面板"F5"

- 显示／隐藏颜色面板"F6"

- 显示／隐藏图层面板"F7"

6. 常用"编辑"菜单快捷键如下。

- 还原/重做前一步操作"Ctrl+Z"

- 还原两步以上操作"Ctrl+Alt+Z"

- 复制"Ctrl+C"

- 自由变换"Ctrl+T"

- 应用自由变换(在自由变换模式下)"Enter或双击鼠标左键"

- 从中心或对称点开始变换(在自由变换模式下)"Alt"

- 保持比例(在自由变换模式下)"Shift"

- 自由变换复制的像素数据"Ctrl+Shift+T"

- 再次变换复制的像素数据并建立一个副本"Ctrl+Shift+Alt+T"

- 删除选框中的图案或选取的路径"Delete"

- 用背景色填充所选区域或整个图层"Ctrl+Bacspace"或"Ctrl+Delete"

- 用前景色填充所选区域或整个图层"Alt+Backspace"或"Alt+Delete"

7. 常用图像调整快捷键如下。

- 调整色阶"Ctrl+L"

- 曲线"Ctrl+M"

- 色彩平衡"Ctrl+B"

- 色相/饱和度"Ctrl+U"

- 去色"Ctrl+Shift+U"

- 反相"Ctrl+I"

- 重复操作同参数调色命令"Alt+各个命令快捷键"

8. 常用图层操作快捷键如下。

- 新建图层"Ctrl+Shift+N"

- 复制图层"Ctrl+J"

- 向下合并或合并链接图层"Ctrl+E"

- 合并可见图层"Ctrl+Shift+E"

- 盖印可见图层"Ctrl+Alt+Shift+E"

- 将当前层下移一层"Ctrl+["

- 将当前层上移一层"Ctrl+]"

- 将当前层移到最下面"Ctrl+Shift+["

- 将当前层移到最上面 "Ctrl+Shift+]"

- 激活下一个图层 "Alt+["

- 激活上一个图层 "Alt+]"

- 激活底部图层 "Shift+Alt+["

- 激活顶部图层 "Shift+Alt+]"

- 调整当前图层的透明度 "0~9"

3.1.4 三大功能键的强大作用

在电脑键盘上有3个功能键，包括Ctrl、Shift、Alt，这3个按键除了在Windows系统中起到了一定的作用外，在其他软件中也起到了重要作用。尤其是在Photoshop软件中这3个按键起到了至关重要的作用，很多的快捷键和一些操作根本离不开他们。如果大家了解了这3个功能键的作用和规律，就可以更好地进行对Photoshop软件操作。

1.Ctrl 功能键

Ctrl按键在键盘的左下角，此按键的使用频率在Photoshop软件中是最高的。它具有控制功能及强制性功能，大部分的快捷键都需要此按键的配合。在平时的一些操作中都离不开它：当需要进行图层选择时可以按住Ctrl键并利用移动工具直接点击图像即可选择相对应的图层；当需要加选图层时，可以按住Ctrl键并点击需要加选的图层；当需要调取图层选区时，按住Ctrl键点击相对应图层的缩略图即可。如果使用"自由变换"命令时想直接改变画面的扭曲状态，可以按住Ctrl键并用鼠标直接调整；如果裁切时裁切边框很难调整到想要的位置，此时Ctrl键就起到作用了，按住Ctrl键就可以进行细微的调整；当不需要辅助线时，可以按住Ctrl键并用鼠标将其拖曳出画面以删除；当绘制的路径锚点出现偏差时，可以按住Ctrl键并利用鼠标调整，不必退回到之前的步骤去修改。其实Ctrl键在Photoshop中还有很多的功能，等大家熟悉了Photoshop后自己去探索吧!

2.Shift 功能键

Shift按键在Ctrl键的上方，此按键在Photoshop软件中的主要作用就是以约束和加选的形式出现。如果没有Shift键，那么在Photoshop软件中的很多的操作都无法实现。先介绍一下此按键的约束功能吧，在使用"自由变换"或"变换选区"命令中，当对图形和选区进行缩放时，如果需要保持原始比例不变那就需要按住Shift键，以此按键来约束图像及选区的比例。当利用画笔或钢笔绘制时，Shift键的约束作用就是方向上的约束了，绘制直线可以按住Shift键，绘制垂直线、水平线或45°角的线则必须要按住Shift

键。当利用矩形选框或椭圆形选框工具绘制选区时，Shift键将会约束比例，保持绘制的为正方形选区或正圆形选区。当利用自定义形状工具绘制路径形状时，Shift键将会约束形状的比例，按住Shift键即可得到标准形状的图形路径。当移动图层时，按住Shift键可以使图层的移动方向保持水平或垂直。

接着再说一下Shift键的加选功能，如果在绘制选区时已经有选区存在了，此时按住Shift键将会进行加选操作，可以将以后绘制的选区与已经存在的选区加到一起。当调取图层选区时，如果加上Shift键那就可以在调取选区的同时添加选区。当进行多图层选择时，按住Shift键可以将开始选择的图层与最后点选的图层中间的所有图层同时加选。以后大家可以慢慢摸索Shift键在Photoshop中的更多作用，对于一些常用的功能暂时介绍这么多。

3.Alt 功能键

Alt键位于Space按键的两边，相对于前面两个功能键来说Alt键的作用少了一些，没有那么丰富。不过Alt键的作用对软件操作也是有很大帮助的，千万不能忽视。Alt键的作用类别很多，有复制功能、减选功能、恢复功能、重复功能。

当对一个图形需要复制时，可以按住Alt键并利用移动工具拖曳，此时复制的图像也会自动增加图层。当需要复制图层时，可以按住Alt键并利用鼠标拖曳需要复制的图层，即可将图层进行复制。当需要复制图层样式或图层蒙版时，也可以采取按住Alt键的方式拖曳图层样式或蒙版到另一个图层。

当进行选区操作时Alt键起到的作用就是减选了，如果画面中的选区多选了，可以利用按住Alt键的方式减去多余选区：按住Alt键，点击多选的图层即可减选。当使用"自由变换"或"变换选区"命令进行缩放并需要以中心为缩放起始点时，可以直接在缩放时按住Alt键，即可完成四周同时缩放。

当进入到一个调色命令或滤镜命令时，如果调整有误，不用关闭此命令重新打开，只需要按住Alt键即可看到取消按键变成了恢复按键，此时可以取消错误设置，重新设置。当利用调色命令进行调色后，如果下一步还需要相同的参数设定，可以在打开此命令时利用快捷键加上Alt键即可直接自动重复上一次的参数设定。当新建文件需要和前面新建的尺寸设置一样时，也可以利用Alt键加上相应的快捷键来相应相同设置的文件。

这些就是3个功能键的主要作用，当然还存在很多的隐藏功能，这就需要大家继续研究了，以上提示的内容已经可以帮助大家提升Photoshop应用技能。

3.2
历史记录在Photoshop软件中的作用

历史记录，在前面的很多操作中都有提到，不过也仅仅限于操作错误后所做的一个恢复罢了。其实对于历史记录而言这只是他所有作用中的一个部分而已，因为历史记录的作用远远不止可以恢复错误步骤这么简单。下面将详细介绍有关历史记录的知识。

3.2.1 认识历史记录面板

下面将从历史记录面板开始讲解，了解历史记录面板的每一个按钮及选项很重要，就像学习图层面板一样，如图3-2-1所示。

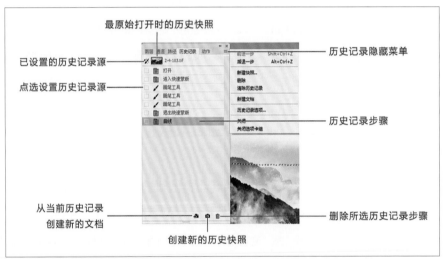

图3-2-1

1. 最原始打开时的历史快照

此处是在照片刚打开时历史记录自动建立的历史快照，此快照的效果与下面打开步骤的效果相同，就是没有处理过的原始效果。当修饰的图像需要恢复到最原始的状态时可以直接点击此处或打开步骤。

2. 历史记录源

历史记录源就是定位需要恢复的历史状态，某个步骤或快照被设置成历史记录源后可以在其前面看到一个带有恢复箭头的毛笔标志，设置了历史记录源的步骤或快照将成为利用历史记录画笔恢复的目的地。

3. 历史记录步骤

历史记录步骤就是在对图像进行操作时历史记录所记录下来的每一步操作，无论做了什么样的调整都会被记录下来，历史记录步骤数量是根据设置而定的，可以参考第一章中的"1.4使Photoshop飞速运行"去设置。

4. 从当前历史记录创建新文档

当历史记录在一个特殊状态时可以点击此按钮，以当前的历史状态效果创建一个新的图像文件，这样可以将该历史记录状态效果以图像文件形式进行保存。

5. 创建历史快照

当操作步骤到一个关键点时，可以暂时利用"创建快照"按钮将当前历史步骤状态下的图像进行拍照式保存，但是此处的保存只是在图像没有关闭之前起作用，一旦图像关闭那么所有的历史记录步骤及快照都将清除。

6. 删除历史记录

如果操作中有某一步骤操作错误，可以将此处历史记录直接删除，选中历史记录并点击此按钮即可，不过要注意的是虽然只选择了一个历史记录步骤，但是删除后此历史记录后面的所有步骤都将删除，所以要谨慎使用此按钮。

7. 历史记录隐藏菜单

这里与图层、通道、路径面板一样都有隐藏式菜单，点击此处可以打开历史记录的隐藏菜单，不过里面很多的命令在面板中都是存在的，所以一般的操作直接在历史记录面版中即可完成。

这些就是对历史记录面板的按钮及各区域做的一个介绍，让各位了解历史记录面板，这里的按钮不多，应该很容易记住。

3.2.2 历史记录的作用及操作

历史记录是用来记录对图像进行的每一步操作的，无论某个操作是对还是错，历史记录都会毫无遗留地将其保存了下来。历史记录最大的作用就是可以使错误操作得到完美的恢复，从而提供修改错误的机会。一旦发现前面的操作有误，要及时在历史记录中进行修改，不要等错误步骤被之后的步骤一步步"顶"下去才发现，如果错误步骤已经不在历史记录面板里面了，就很难办了。后期制作要做到眼观六路，每一步的操作都要看清楚，出错要立即发现并进行修改。

历史记录恢复的操作没有什么难度，其难度系数比图层操作简单很多。一旦在修饰过程中发现操作错误，应立即进入历史记录面板，从所记录的操作步骤中去查找是哪一步出现了错误，可以一步步从下往上查看画面变化。找到错误步骤后可以直接删除此步骤，不过此步骤后面的步骤将一起消失，即便后面的操作无误。所以发现错误越早损失就越小，尽量不要直接删除历史记录步骤。当然也可以直接使用快捷键来进行恢复，可以按键盘的快捷键Ctrl+Alt+Z，一步步恢复，使用此快捷键可以一直恢复到面板中存储的最上面的记录。

除了可以恢复错误操作以外，历史记录还可以做修图后的结果与原始图的对比操作。当修饰操作结束，想查看修饰后的效果与原始效果之间差异时，可以进入历史记录面板选择最原始的快照，然后利用快捷键Ctrl+Z进行查看（一直按住Ctrl按键，Z键可以反复按下、抬起），此时就可以看到画面的变化了。

这些恢复操作都是对图像整个区域进行的恢复，对于一个局部错误也要将整个区域都进行恢复，对于那些修好的没有错误的区域则是浪费了时间去处理，虽然这种恢复方式方便但是不太人性化。但是如果将历史记录画笔与历史记录结合起来使用那就变得完全不同了，大家继续认真学习下面的内容吧。

3.2.3 历史记录画笔的应用

历史记录画笔是工具栏中的一个修饰工具，也是属于更改图像像素的操作工具，其实单独使用此工具没有什么意义。但是要是将历史记录画笔与历史记录结合起来，那么它的作用就非常大了。前面提到过，如果直接恢复历史步骤可能会将一些不需要恢复的区域也进行恢复，无形中浪费了之前的工作。当结合历史记录画笔后就不会出现这样的情况了，大家可以利用历史记录画笔去恢复任何一个局部，其余没有错误的区域依然保留修饰后的效果。当然这要有很丰富的经验来判断历史记录画笔源应该设置到哪一个历史记录步骤或快照上，如果设置错误也会出现不必要的麻烦。

图3-2-2

举个简单的例子，这样也许更直观一些，仔细看看图3-2-2，人物皮肤都修饰得没问题了，可是此时发现人物眼睛部分出现了问题，如果按照直接恢复历史记录步骤的方式，眼睛恢复正常后其余部分的皮肤也会恢复到没有修饰之前的效果，那么这张图像中人物的皮肤修饰操作就浪费了。

其实此时大家只需要找到一个无误的步骤或快照，然后将历史源定在这一步，比如笔者将此张照片的历史源设置到了调整曲线后的快照上，这样恢复后的局部不用再单独调整明暗了。在工具栏中选择历史记录画笔，设置历史记录画笔属性，一般情况下历

史记录画笔与画笔的属性设置一样，设置柔边缘画笔笔头，不透明度为100%，流量为100%即可，如图3-2-3所示。适当调整画笔

图3-2-3

笔头大小，此时一定要选择最后一步的历史记录，不要选择其他步骤。利用历史记录画笔涂抹修饰有误的眼睛部分，眼睛部分将会恢复到设置历史源的快照效果，恢复后再

做眼睛部分的修饰即可，这样其余部分就保留了修饰后的效果，如图3-2-4所示。

图3-2-4

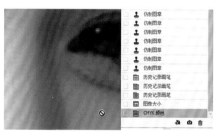

不过历史记录画笔不是对所有历史步骤都起作用的，如果在操作过程中穿插了一些图像尺寸的调整，裁切工具的使用，色彩模式的改变，等等，历史记录画笔将无法将这些步骤恢复到前面的步骤，此时历史记录将无法使用，如图3-2-5所示。

图3-2-5

以上就是历史记录的相关内容，大家应熟悉历史记录相关工作，从而可以更好地进行摄影后期创作。

3.3

调色进阶知识

调色在摄影后期中占据了1/3的内容，绝对是重要的部分。想要在调色方面有一定的造诣那必须要对色彩相关的知识有很深的研究。只是前面所介绍的调色命令还不能满足这个要求，很多的色彩理论是必须要熟知的。要了解色彩模式，要清楚色值、色域，更要明白调色原理，没有这些理论做基础那么大家的调色也只能处于最基本的阶段。

3.3.1 图像色彩模式解析

进入到摄影领域就必定要接触图像，接触图像就必须要清楚图像的色彩模式，如果连色彩模式都搞不懂，那么后面很多的调色工作将会很被动，下面将会详细介绍色彩模式的相关知识。

色彩模式是数字世界中表示颜色的一种算法，在数字世界中为了表示各种颜色，通常人们将颜色划分为若干个色值。由于成色原理的不同，决定了显示器、投影仪、扫描仪等这类靠色光直接合成颜色的颜色设备，及打印机、印刷机等这类靠使用颜料的印刷设备在生成颜色方式上的区别，换句话说色彩模式就是组成图像的色彩形式。

在图像和图形处理软件中，通常都使用了HSB、RGB、Lab及CMYK4种色彩模式，以外还有多种色彩模式，用来反映不同的色彩范围，其中许多模式能用命令相互转换。在Photoshop图像处理软件中，有位图、灰度、双色调、索引、RGB、Lab、CMYK、多通道8种色彩模式，他们之间具有某些特定的联系，有时为了输出一个印刷文件或需要对一个图像进行特殊处理时，需要从一个模式转换到另一个模式。

1.RGB 模式

绝大部分的可见光谱可以用红、绿和蓝（RGB）三色光按不同比例和强度的混合来表示。在颜色重叠的位置产生青色、品红和黄色。因为RGB颜色合成产生白色，所以RGB模式为加色模式，如图3-3-1所示。在显示器观看，或上传至互联网网站、社交平台等需要使用RGB模式，该模式是图像处理领域应用频率最多的一种模式。例如，显示器通过红、绿和蓝荧光粉发射光线产生彩色，因此RGB模式也被称为显示器的显示模式。

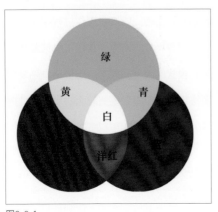

图3-3-1

Photoshop中的RGB模式给彩色图像中每个像素的RGB色值分配一个从0（黑色）到255（白色）范围的强度值。例如，一种明亮的红色可能R值为246，G值为20，B值为50，如图3-3-2所示。当3种色值的值相等时，结果是灰色；当所有色值的值都是255时，结果是纯白色；而当所有值都是0时，结果是纯黑色，如图3-3-3所示。RGB图像只使用3种颜色，在屏幕上出现多达1670万种颜色。新建Photoshop图像的默认模式为RGB，计算机显示器总是使RGB模式显示颜色。这意味着在非RGB颜色模式（如CMYK）下工作时，Photoshop会临时将数据转换成RGB数据再在屏幕上显示。

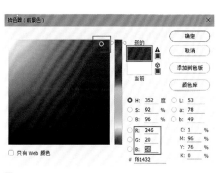

图3-3-2

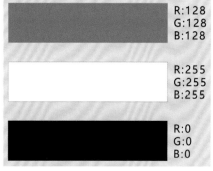

图3-3-3

在 RGB 模式中工作可以节省内存，提高性能，具有更大的设备独立性，因为 RGB 色彩空间并不依赖于显示器或油墨。不管使用的是显示器、计算机还是输出设备，对图像进行的校正都被保留。

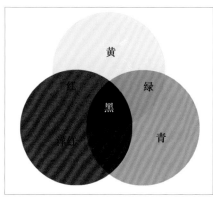

图3-3-4

2.CMYK 模式

CMYK 模式以打印在纸张上油墨的光线吸收特性为基础，当白光照射到半透明油墨上时，部分光谱被吸收，部分被反射回观看者的眼睛。理论上，纯青色C、品红M和黄色Y色素能够合成吸收所有颜色并产生黑色，因此CMYK模式叫作减色模式，如图3-3-4所示。

所有打印油墨都会包含一些杂质，这3种油墨实际上产生一种土灰色，必须与黑色K油墨混合才能产生真正的黑色（代表英文字母使用K而不是B是为了避免与蓝色混淆）。在Photoshop的CMYK模式中，每个像素的每种印刷油墨会被分配一个百分比值。最亮（高光）颜色分配较低的印刷油墨颜色百分比值，较暗（暗调）颜色分配较高的百分比值。例如，明亮的红色可能会包含2%青色、93%品红、90%黄色和0%黑色，如图3-3-5所示。

在CMYK图像中，当所有4种色值的值都是0%时，就会产生纯白色。要打印出制作的图像时，使用CMYK模式，将RGB、索引颜色或Lab图像转换为CMYK图像；或者可以使用CMYK模式直接处理从高档系统扫描或输入的CMYK图像。

图3-3-5

将图像转换为CMYK模式时应注意，一定要存储RGB或索引颜色图像的备份，以防要重新转换图像。从一种模式转换到另一种模式时，Photoshop使用Lab颜色模式，这种模式提供在所有模式中定义颜色值的一个系统。使用Lab会确保在转换过程中颜色不会明显地改变。例如，将RGB图像转换为CMYK时，Photoshop使用RGB设置对话框中的信息将RGB颜色值先转换为Lab模式。图像为CMYK模式后，Photoshop将CMYK值转换回RGB，在RGB显示器上显示图像。CMYK转换为RGB在屏幕上显示不影响文件中的实际数据。尽管可以在RGB和CMYK两种模式中进行所有的色调和色彩校正，但还是应该仔细选取。应尽量避免在不同模式间多次进行转换。因为每次转换时颜色值都要求重新计算，都会被取舍而丢失。如果RGB图像要在屏幕上使用，不要将他转换为CMYK模式。反之，如果CMYK扫描要分色和打印，也不要在RGB模式中进行校正。但是，如果必须要将图像从一个模式转换到另一种模式，则应在RGB模式中执行大多数色调和色彩校正，并使用CMYK模式进行微调。在RGB模式中，可以使用CMYK预览命令模拟更改后的效果，而不用真的更改图像数据。

3.HSB 模式

基于人类对色彩的感觉（视觉），HSB 模式描述颜色的3个基本特征，也就是色彩的3个属性：第一个就是色相H，在 0 °~360 °的标准色轮上，色相是按角度位置度量的。

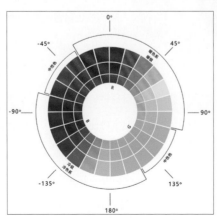

图3-3-6

在通常的使用中，色相是由颜色名称标识的，如红色、橙色或绿色，如图3-3-6所示；第2个是饱和度S，是指颜色的强度或纯度。饱和度表示色相中彩色成分所占的比例，用从 0%（灰色）到100%（完全饱和）的百分比来度量；第3个就是亮度B，是颜色的相对明暗程度，通常用从 0%（黑）到100%（白）的百分比来度量。

4.Lab 模式

Lab色彩模式是由国际照明委员会（CIE）在1931年制订的颜色度量国际标准的基础上建立的。1976年，这种模式被重新修订并命名为CIE Lab。Lab颜色设计为与设备无关。不管使用什么设备（如显示器、打印机、计算机或扫描仪）创建或输出图像，这种颜色模式产生的颜色都保持一致，此模式也称为自然界的色彩模式。Lab颜色由心理明度值L和两个色度值组成，这两个值即a值（从绿到红）和b值（从蓝到黄）。在Photoshop的Lab模式中，心理明度值L范围可以为 0 ~100，a值和b值可以为-128~+127，Lab颜色是Photoshop在不同颜色模式之间转换时使用的内部颜色模式。

这几个色彩模式是在摄影后期领域最常见的模式，其中RGB模式使用最多，大家需要记住的就是每种色彩模式的色彩组成及色彩模式的用途，选择合适的正确的色彩模式是使照片色彩艳丽的关键。

3.3.2 色值与色域

了解了色彩模式后大家还需要进一步深入研究色彩的色值和色彩的色域，熟知这些内容可以为后对色彩的选择及调整起到很重要的作用。

1. 色值

色值是某种颜色在不同的颜色模式中所对应的颜色值，如红色在RGB颜色模式中所对应的值就是"255，0，0"；绿色在RGB颜色模式中所对应的值就是"0，255，0"；蓝色在RGB颜色模式中所对应的值就是"0，0，255"，这些数字被称为色值。色值包括了RGB色值、CMYK色值、16进制色值等，如图3-3-7所示。在Photoshop中可以通过窗口下的信息面板查看某种色彩的色值，从这些信息中可以查看某种色彩的RGB色值和CMYK色值，也可以查询图像中不同位置的色彩色值，如图3-3-8所示。

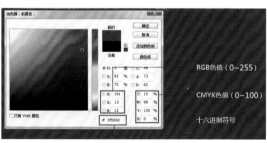

图3-3-7

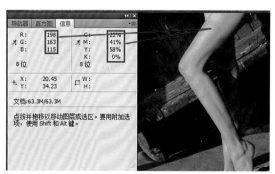

图3-3-8

2. 色域

　　色域就是指某种设备所能表达的颜色数量所构成的范围区域，即各种屏幕显示设备、打印机或印刷设备所能表现的颜色范围。在现实世界中，自然界中可见光谱的颜色组成了最大的色域空间，该色域空间中包含了人类眼睛所能见到的所有颜色。

3.RGB 色值和色域

　　根据色彩模式不同，对色彩表示的数值也会不同，色域空间也会不同。在RGB色彩模式中，红、绿、蓝3个颜色分别被定义为0~255的色值，即为256个色阶。3个颜色每个颜色都是如此，所以要想表示此模式下的某一颜色只需要将3个颜色的数值定下来即可，如青色的色值为"0，255，255"。以此为色值的排列规律，可以得到256×256×256=16777216种色彩，这就是RGB色彩模式的色域了，色域指的就是颜色的范围、种类。

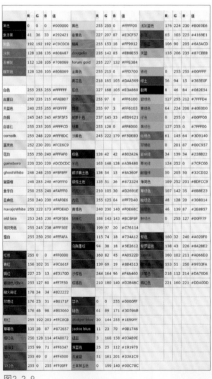

图3-3-9

　　谈到色值，其实在表示某种颜色色值时不仅仅只是利用RGB的数值，还可以使用一种十六进制的色值数字，如白色的十六进制色值为ffffff，红色的十六进制色值为ff0000，洋红色的十六进制色值为ff00ff。前两位数字代表红色值，中间两位表示绿色值，最后两位表示蓝色值。每个红色、绿色或蓝色值可以在00（无色）到ff（满值）之间变化。

　　在互联网上可以搜索到RGB模式下的常用色彩的色值表，这些色值表都标注了RGB色值和十六进制色值，如图3-3-9所示。

4.CMYK 色值和色域

　　在CMYK模式中将每个颜色定义为0~100的色值范围，即每个色彩有101个色阶。想要表示此模式下的色彩，那么确定4个颜色的色值即可，如青色色值为"100，0，0，0"，黄色色值为"0，0，100，0"，这就是CMYK模式下所表示的色值组成。以此进行排

		C	M	Y	K			C	M	Y	K
黑　色		0	0	0	100	深　绿		20	0	0	80
蓝		100	100	0	0	森林绿		40	0	20	60
青		100	0	0	0	草　绿		60	0	40	40
绿		100	0	100	0	肯德基绿		40	0	40	40
黄		0	0	100	0	浅　绿		60	0	40	20
红		0	100	100	0	春　绿		60	0	60	20
洋　红		0	100	0	0	绿松石		60	0	20	0
紫		20	80	0	20	海　绿		60	0	20	0
橘　红		0	60	100	0	渐　绿		60	0	40	0
粉		0	40	20	0	朦胧绿		20	0	20	0
深　褐		0	40	20	0	薄荷绿		40	0	40	0
粉　蓝		20	20	0	0	军　绿		20	0	40	40
柔和蓝		40	40	0	0	鳄梨绿		40	0	40	40
幼　蓝		60	40	0	0	马丁绿		20	0	40	0
靛　蓝		60	60	0	0	灰　绿		20	0	20	0
昏暗蓝		40	40	0	20	酒　绿		40	0	100	0
海军蓝		60	0	0	40	月光绿		20	0	20	0
深　蓝		40	40	0	60	暗　绿		0	0	20	80
荒原蓝		40	20	0	40	土橄榄色		0	0	20	60
天　蓝		100	20	0	0	黄卡其		0	0	20	40
冰　蓝		40	0	0	0	橄榄色		0	0	20	40
浅蓝绿		20	0	0	20	香蕉黄		0	0	60	20
海洋绿		20	0	0	40	浅　黄		0	0	60	0

图3-3-10

列，所得到的CMYK模式里面的色彩为101×101×101=1030301种色彩，远远小于RGB中的色彩种类。那么为什么是3个101相乘而不是4个101相乘呢？原因是其中的K为黑色，属于无色系，并非属于颜色，因此在运算CMYK色彩模式颜色种类时是不需要将黑色算在其中的。

在互联网上也可以搜索到CMYK模式下的常用色彩的色值表，这些色值表都标注了CMYK色值，如图3-3-10所示。

5.Lab 色值和色域

在Lab色彩模式中将L（明度）定义为0~100的值，即为101个明暗层次变化。a和b分别定义为-128~127，即每个拥有255个色彩变化，这样此种模式对于色彩色值的表示就成了标注L、a、b这3个值，如红色为"50，127，127"，洋红色为"50，127，0"，绿色为"50，-128，127"，以此进行组合排列最终得到的此模式下的色彩种类为

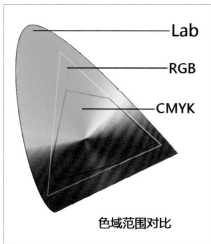

图3-3-11

101×255×255=6567525种色彩，直观从数字上比较，好像还不如RGB模式下种类多，那为什么说Lab色彩模式是色域最广的呢？其实Lab属于自然界色彩，不依赖于设备，包含所有色彩，不能只以算出的数值来衡量。

通过3种色彩模式色值与色域的分析，最终也得到一个对比结果，那就是Lab>RGB>CMYK，如图3-3-11所示。

下面将前面的内容做一个总结。

RGB模式是所有基于光学原理的设备所采用的色彩方式，如显示器是以RGB模式工作的。而RGB模式的色彩范围要大于CMYK模式，所以RGB模式能够表现许多颜色，尤其是鲜艳而明亮的色彩。当然，显示器的色彩必须是经过校正的，才不会出现图片色彩

的失真，这种色彩在印刷时很难表现出来。这也是将图片色彩模式从RGB转化到CMYK时画面会变暗的主要原因。在Photoshop中编辑RGB模式的图片时，首先选中视图菜单栏中的预览选项，选择其中的CMYK选项，也就是说，用RGB模式编辑处理图片，而以CMYK模式显示图片，使大家所见的显示屏上的图片色彩实际上就是印刷时所需要的色彩，这一点非常重要，在应用于印刷时这算是一种很好的图片处理方法。Photoshop在CMYK模式下工作时，色彩通道比RGB多出一个，另外它还要用RGB的显示方式来模拟出CMYK的显示器效果，并且CMYK的运算方式与基于光学的RGB原理完全不同，因此用CMYK模式处理图片的效率要低一些，处理图片的质量也要差一些。

使用Photoshop处理图片时，图片的编辑处理往往要经过许多细微的过程。比如，可能要将几个图片中的内容合成到一起，由于各组成部分的原色调不可能相同，需要对他们进行调整，也可能要使各部分以某种方式合成。不论图片的处理要达到什么效果，操作者都希望尽可能产生并保留各种细微的效果，尽可能使画面具有真实而丰富的细节，由于RGB模式的色彩范围比CMYK模式要大得多，因此以RGB模式处理图片时，在整个编辑处理过程中将会得到更宽的色彩空间和更细微多变的编辑效果，而如果这些效果用得好，大部分能保留下来。虽然最终仍不得不转成CMYK模式并且肯定会有色彩损失，但这比一开始就使图片色彩丢失还是要好得多。

通过以上论述可看出，使用Photoshop处理彩色图片应该尽量使用RGB模式。但在操作过程中应该注意：使用RGB模式处理的图片一定要确保在用CMYK模式输出时图片色彩的真实性；使用RGB模式处理图片时要确保图片已完全处理后再转化为CMYK模式图片，最好是留一个RGB模式的图片备用。

除了用RGB模式处理图片外，Photoshop的Lab色彩模式也具备良好的特性。RGB模式是基于光学原理的，而CMYK模式是颜料反射光线的色彩模式，Lab模式的好处在于它弥补了前面两种色彩模式的不足。RGB在蓝色与绿色之间的过渡色太多，绿色与红色之间的过渡色又太少，CMYK模式在编辑处理图片的过程中损失的色彩则更多，而Lab模式在这些方面都有所补偿。Lab模式由3个通道组成：L通道表示亮度，它控制图片的亮度和对比度；a通道包括的颜色从绿(低亮度值)到灰色(中亮度值)到红色(高亮度值)；b通道包括的颜色从蓝色(低亮度值)到灰色到黄色(高亮度值)。Lab模式与RGB模式相似，色彩的混合将产生更亮的色彩。只有亮度通道的值才影响色彩的明暗变化。可以将Lab模式看作是两个通道的RGB模式加一个亮度通道的模式。Lab模式是与设备无关的，可以用这一模式编辑处理任何一个图片(包括灰图图片)，并且处理速度与RGB模式相同，比CMYK模式快好几倍。Lab模式可以保证在进行色彩模式转换时CMYK范围内的色彩没有损失。如果将RGB模式图片转换成CMYK模式时，在操作步骤上应加上一个中间步骤，即先转换成Lab模式。由此可见，在编辑处理图片时，应尽可能先用Lab模式或RGB模式，在不得已时才转成CMYK模式。而一旦转成为CMYK模式图片，就不要再轻易转回来了，如果确实有需要，就转成Lab模式对图片进行处理。

3.3.3 Photoshop 软件中的调色原理

大家是不是打开照片后觉得很迷茫? 是不是对照片的色彩调整无从下手? 是不是不知道该选择哪个命令? 是不是没有调整方向? 下面就来解决这些问题。

在整个后期领域调色占据了大部分的比例，想将颜色调好是离不开调色命令及调色原理的。前面的内容中已经介绍过调色命令，目前这些知识是可以满足工作需求的。但是现在很有必要进一步学习这一部分内容的原理，只有了解了调色原理，大家才能将调色命令运用得游刃有余。那么学习调色原理该从何入手呢? 其实调色原理没有太多内容，学习这些内容就可以使大家成为调色高手。只要了解色彩的根源、色彩的混合、色彩的互补、色彩的属性，就可以较好地掌握调色原理。

下面先了解一下色彩是如何产生的，从根源上了解色彩有助于大家对色彩的研究、分析。

1. 色彩的产生

色彩是通过人们的眼、脑和人们的生活经验所产生的一种对光的视觉效应。人们对颜色的感觉不仅仅由光的物理性质所决定，人们对颜色的感觉往往还受到周围颜色的影响。有时人们也将物质产生不同颜色的物理特性直接称为颜色。经验证明，人们对色彩的认识与应用是通过发现差异并寻找他们彼此的内在联系来实现的。因此，人们对最基本的视觉经验得出了一个最简明也是最重要的结论:没有光就没有颜色。白天时人们能看到五色的物体，但在漆黑无光的夜晚就什么也看不见了。如果有灯光照明，则光照到哪里，便又可以看到物像及其色彩了。真正揭开光色之谜的是英国科学家牛顿。17世纪后半期，为改进刚发明不久的望远镜的清晰度，牛顿从光线通过玻璃镜的现象开始研究。1666年，牛顿进行了著名的色散实验。他将一个房间布置得一片黑暗，只在窗户上开一条窄缝，使太阳光射进来并通过一个三角形挂体的玻璃三棱镜。结果出现了意外的效果：在对面墙上出现了一条七色组成的光带，而不是一片白光，七色按红、橙、黄、绿、青、蓝、紫的顺序一个颜色连着一个颜色排列着，极像雨过天晴时出现的彩虹。同时，如果七色光束再通过一个三棱镜还能还原成白光。这条七色光带就是太阳光谱。 牛顿之后大量的科学研究成果进一步揭示：色彩是以色光为主体的客观存在，对于人则是一种视象感觉，产生这种感觉基于3种因素：一是光，二是物体对光的反射，三是人的视觉器官——眼镜。即不同波长的可见光投射到物体上，有一部分波长的光被吸收，一部分波长的光被反射出来刺激人的眼睛，经过视觉神经传递到大脑，形成对物体的色彩信息，即人的色彩感觉。 光、眼、物三者之间的关系，构成了色彩研究和色彩学的基本内容，同时亦是色彩实践的理论基础与依据。

通过以上内容可以得到一个结论：色彩是由光产生的。所以大家需要研究的就是光的颜色，只有了解了光的色彩才能准确熟练地在显示设备中对色彩进行调整。

2. 色彩三原色

色彩中不能再分解的基本色称为原色，又称为基色，即用以调配其他色彩的基本色。原色的色纯度最高，最纯净、最鲜艳，原色可以合成其他的颜色，而其他颜色却不能还原出本来的色彩。通常大家说的三原色，即红、绿、蓝。三原色可以混合出所有的颜色，同时相加为白色。三原色分为两类：一类是光的三原色，包括红(red)、绿(green)、蓝(blue)，称为加色法三原色，如图3-3-12所示；另一类为颜料（染料）三原色，包括黄(yellow)、品红(magenta)、青(cyan)，称为减色法三原色，如图3-3-13所示。

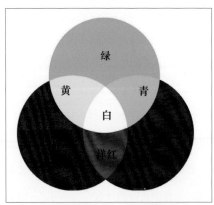
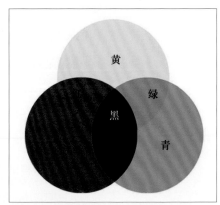

图3-3-12　　　　　　　　　　　　　　　图3-3-13

色光三原色是指红、绿、蓝三色，光的三原色和物体的三原色是不同的。光的三原色按一定比例混合可以呈现各种光色。电脑显示器、手机屏幕、彩色电视屏幕等所有自发光显示设备都是由红、绿、蓝这3种发光的颜色小点组成的。由这三原色按照不同比例和强弱混合可以产生自然界的各种色彩变化。

颜料和其他不发光物体的三原色是洋红、青、黄。这三原色可以混合出多种多样的颜色，不过不能调配出黑色，只能混合出深灰色，原因就是现实中的颜料或油墨在加工制作中纯度已经下降，含有了很多杂质。因此在彩色印刷或普通四色打印机中，除了使用的三原色外还要增加一种黑色作为补充，才能得出深重的颜色。

在美术学中又将红、黄、蓝定义为色彩三原色，当然这也是有一定道理的：因为红色和洋红都属于红色系，统称为红；蓝色和青色都属于蓝色系，统称为蓝。因此认为红、黄、蓝是三原色只是不严谨，并非错误。但是洋红加适量黄可以调出大红，而大红却无法调出品红；青加适量洋红可以得到蓝，而蓝加绿得到的却是不鲜艳的青；用黄、洋红、青三色能调配出更多的颜色，而且纯正并鲜艳。用青加黄调出的绿，比蓝加黄调出的绿更加纯正与鲜艳，而后者调出的却较为灰暗；洋红加青调出的紫是很纯正的，而大红加蓝只能得到灰紫，等等。此外，从调配其他颜色的情况来看，都是以黄、洋红、青为其原色，色彩更为丰富、色光更为纯正而鲜艳。无论是从原色的定义出发，还是以实际应用的结果验证，都足以说明：将黄、品红、青称为三原色，比红、黄、蓝为三原色更为恰当。

这就是有关三原色的内容，了解了三原色后将针对三原色展开有关 Photoshop 软件中调色理论的研究。由于在显示器中调整色彩主要应用的是光色，因此在研究调色原理时会以光色三原色即（RGB）为主要研究对象。

3. 色彩混合原理

混合原理是色彩调整中很重要的原理之一，当大家知道混合原理的运算规律后就会明白在所要调整的图像中色彩该如何加减了。色彩的混合其实就是色彩加减运算。

学习混合原理之前有3个专业名词需要解释，后面的内容中会经常提到这几个词。

原色：不能进行分解的色彩被称为原色，前面内容中已经做过解释。

间色：两种原色相加得到的第3种颜色被称为间色，也可以理解为两种原色相交后的中间色。

复色：3种原色相加得到的一个新的颜色，也就是3种颜色等比例混合后的色彩。

在研究色彩混合原理时所提到的色彩相加中的色彩值都是色彩的最大值，也就是红、绿、蓝都给足255的色彩。

在RGB色彩中，两种原色或3种原色相加会得到新的色彩，一共有3原色，一共能相加出3种间色和一种复色：红色加蓝色得到的间色为洋红色；红色加绿色得到的间色为黄色；蓝色加绿色得到的间色为青色；红色加蓝色再加绿色得到的复色为白色。如果用表示颜色的字母列出这4个等式那就是：R+B=M，R+G=Y，B+G=C，R+B+G=W，如图3-3-14所示。

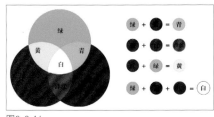

图3-3-14

以上就是色彩的混合原理，一定要记住这4个等式，在调色的过程中是需要运用到这个理论的。如果一张人像照片中的衣服本身为红色，但是由于拍照中白平衡问题，拍出的照片中衣服为偏洋红的颜色，此时要纠正衣服色彩就会运用要此原理，分析的方式为：想要的红色＝拍出的洋红色-多出的蓝色，也就是根据R+B=M这个等式换算出来的，那么只需要在调色命令中将洋红里面减少蓝色即可得到想要的红色。再比如，拍摄的风光照片中，树叶的绿色不足，没有那种浓郁感，此时需要调整的思路就是：想要的浓郁绿色（偏青的绿色）＝现有的绿色+适量蓝色，这是根据B+G=C这个等式换算出来的，只需要在调色命令中对绿色进行加蓝色的调整即可。

色彩的混合原理既可以用在对图像的色彩分析中，也可以用到对图像的调整过程中，是非常重要并好用的理论之一，不可忽视，要着重学习！

4. 色彩的互补原理

色彩互补原理同样是色彩调整中的重要原理之一，几乎 Photoshop 软件中的调色命令都运用了色彩的互补原理。最为明显地就是色彩平衡命令，在色彩平衡命令中就可以明显地看出相互互补的3组颜色。当然互补色有很多种，在色相环上凡是相距180°的颜色都为互补色，不过研究时只针对3种原色，因为3种原色可以调配出所有色彩。

在 RGB 色彩中，当两个原色进行相加时得到了第3个新的色彩，此时这个间色就会与没有参与相加的另一个原色成为互补色。当红色与蓝色相加时得到了洋红色，此时绿

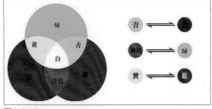

色没有参与相加，那么洋红色与绿色称为一组互补色。同理，红色和青色称为一组互补色，蓝色和黄色称为一组互补色，如图3-3-15所示。

图3-3-15

互补色就是两个相对的颜色。当互补色中的一个颜色增加时其互补色就会相应减少，反过来也成立。如果大家能理解互补原理，那么曲线、色彩平衡、可选颜色这些调色命令会迎刃而解，因为这些调色命令都运用了色彩互补原理。想得到一个色彩时可以直接在曲线中的通道中提升相应色彩曲线，或在其互补色同道中减少相应色彩曲线。比如，想要得到黄色，只需要在曲线的蓝色同道中下拉曲线（减少蓝色）即可。可选颜色、色彩平衡调色原理亦是如此。

5. 加法混合原理

所谓的加法混合原理（加法三原色），就是指当颜色进行混合时，颜色会越来越亮（明度提升），从三原色示意图中很明显可以看出：红、绿、蓝3个颜色的明度不是很高，趋

于中间明度，但是他们混合出的间色明显比原色的明度提升了一档，而3个原色最后加出的色彩是纯白色，明度最高的色彩，这就说明了当光色相加时色彩的明度会随着加入的色彩越多而变得越亮。以此得到一个结论：如果在RGB模式下对色彩进行调整，就会在不调整明度的情况下使图像随着色彩的调整自然提高明度。此时就需要注意，应该在调整过程中观察明度的变化，以便及时调整。

6. 色彩三属性原理

任何一种色彩都有他自己的属性，就像大家各自的性别、民族等，色彩的属性有3个，分别是色相、纯度、明度，这3个属性将会决定色彩的最终效果。色彩属性也是Photoshop软件中对色彩调整的重要原理之一，在软件中最常用的"色相/饱和度"命令就是根据色彩的3个属性来进行色彩调整的。

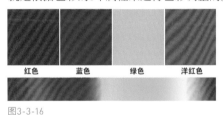

图3-3-16

色相：即为色彩的相貌特征，平时大家所看到的色彩就是根据色相来判断出的一种色彩，对色彩的称呼叫作色相名，如红色、黄色、蓝色，如图3-3-16所示。

色相的改变是根据色相环中色彩所存在的角度来调整的，所有的色彩调整范围为-180°~180°，即360°，利用角度确定色彩，当然这要求大家很熟悉色相环才可以。

纯度：也叫饱和度或彩度，指的是色彩中含有某种颜色的多少，也可以理解为色彩的鲜艳程度。当降低色彩饱和度时就相当于在色彩中加入了灰色，降到最低-100时色彩消失，变成黑白，如图3-3-17所示。

明度：指的是色彩的明暗变化，最亮到白色，最暗到黑色。当给一个色彩中加入不同程度的黑或白即可改变色彩明度，明度调整范围为-100°~100°，正数为加白，负数为加黑，如图3-3-18所示。

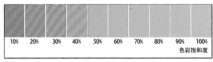

图3-3-17

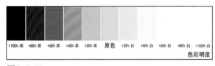

图3-3-18

图3-3-19

色相饱和度命令中的三项调整即是对色彩三属性的调整，想直接改变一个颜色可以调整其色相，想使一个色彩变得鲜艳或灰暗可以调整其饱和度，想使一个颜色变亮或变暗，可以调整其明度，如图3-3-19所示。

以上这些就是色彩调色的原理，无论是色彩混合原理、色彩互补原理还是色彩属性原理都属于比较重要且常用的调色理论，希望大家牢牢记住这些内容，以后调色时将这些原理结合到实际操作中去。

为了提高大家对色彩的敏感度，及综合复习前面所学基础内容，接下来以一个色相环的制作实例来使大家进一步熟悉色彩并且熟悉软件的基本操作。

（1）在软件中新建一个文件，设置为20cm×20cm的正方形，分辨率为300像素/英寸，RGB模式，如图3-3-20所示。

（2）建立空白文件后，在"视图"菜单下打开新建参考线，垂直和水平方向各建立一条，都设置位置为50%，这是建立文件的中线以方便找到整个文件的中心点，如图3-3-21所示。

图3-3-20

图3-3-21

（3）建立出的两条垂直线的相交点即是中心点，在工具栏中选择椭圆形选区工具，将鼠标指针移动到中心点上，当鼠标指针变红色时即是对准。此时按住Shift+Alt键组合，以中心为圆心建立出一个圆形，如图3-3-22所示。

（4）绘制圆形后记住一定要新建图层，如果此时没有新建图层，那么后面的步骤将会很麻烦，如图3-3-23所示。

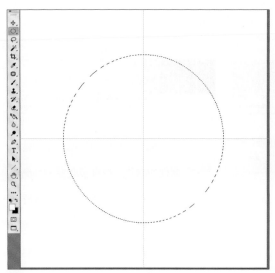

图3-3-22

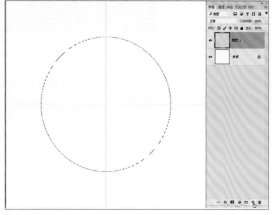

图3-3-23

（5）在前景色调配一个浅灰色，此处尽量不要使用纯色，尽可能使用灰色系，否则很有可能会与后面的色彩混合到一起难以分辨，选择颜色后在"编辑"菜单下选择"填充"命令，将灰色填充到圆形中，如图3-3-24所示。

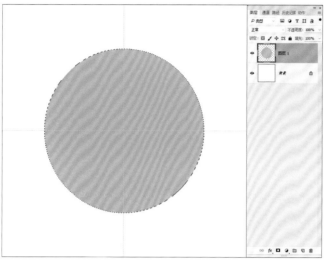

图3-3-24

（6）填充完毕后保留选区，在"选择"菜单下打开"变换选区"命令，记住是变换选区，不是"编辑"菜单下的"自由变换"，一定要区分这两个命令，如图3-3-25所示。

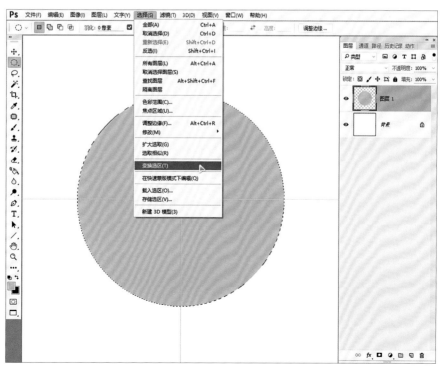

图3-3-25

（7）在"变换选区"命令编辑状态下，按住Shift+Alt键组合键，保持圆形不变形，保持以圆心为缩放中心，将选区向内部拖曳，最后使选区略小于填充的灰色圆形即可。（不要变化太大，否则效果不好。）如图3-3-26所示。

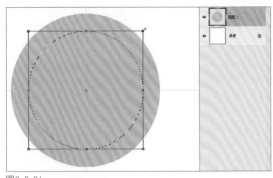

图3-3-26

（8）双击鼠标确定变换选区的编辑，此时选区缩小，选中灰色圆形图层，在"编辑"菜单下点击"清除"命令，或者按Delete键将选区内的灰色部分删除，如图3-3-27所示。

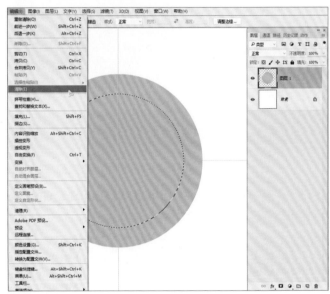

图3-3-27

（9）将圆形中间部分删除后会得到一个灰色的圆环，此时在"选择"菜单下将选区取消，如图3-3-28所示。

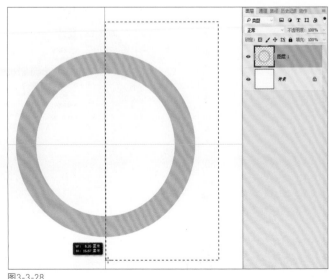

图3-3-28

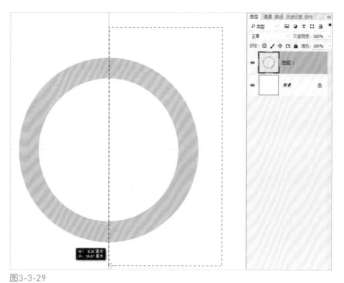

图3-3-29

（10）利用矩形选框工具将圆环的右半部分选中，有辅助线辅助是很好选择的，选择时框选的范围尽量大一些，一定要将右边半个圆环全部框选进来，如图3-3-29所示。

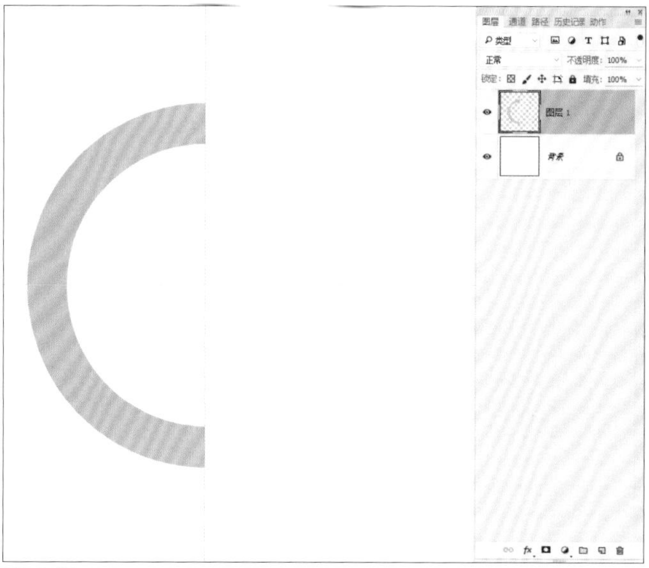

图3-3-30

（11）选中后同样用"编辑"菜单下面的"清除"命令将右边半个圆环删除，此时只剩下了左边半个圆环，如图3-3-30所示。

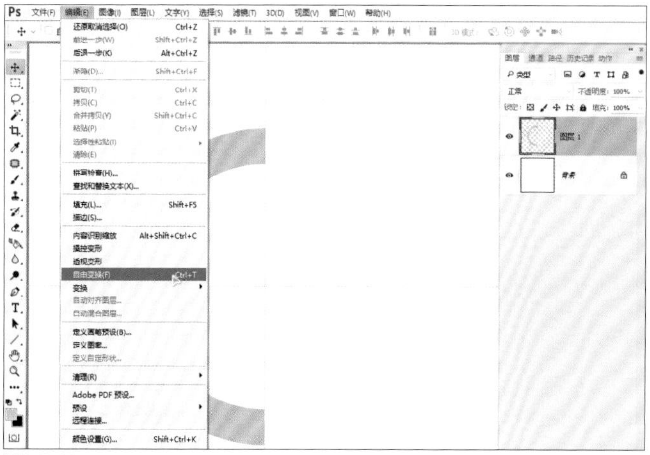

图3-3-31

（12）接下来给剩余的半个圆环做自由变换操作，在"编辑"菜单下选择"自由变换"命令，如图3-3-31所示。

（13）在自由变换编辑状态下，利用鼠标将半个圆环的中心点（旋转轴）移动到当初整个圆环的圆心部分，也就是辅助线相交点位置，如图3-3-32所示。

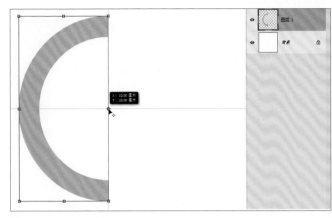

图3-3-32

（14）在自由变换的属性栏中角度的选框中输入14°（一个圆的角度是360°，色相环有24色需要24个格子，每个格子15°，还需保留格子之间的缝隙，所以此处填14°）。此时左边半个圆环将会以圆心为轴进行倾斜旋转，有一部分会越过中间的垂直辅助线，如图3-3-33所示。

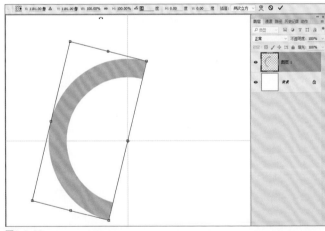

图3-3-33

（15）确定自由变换后再次利用矩形选框框选中间垂直辅助线左边的圆环部分，如图3-3-34所示。

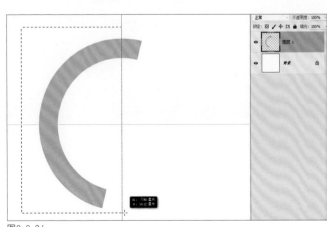

图3-3-34

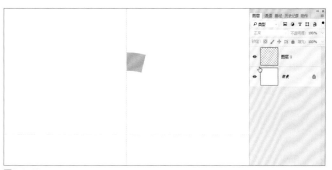

图3-3-35

（16）将选中部分进行清除，此时只剩下了一个很小的一部分圆环，只有14°，这才是需要的部分，如图3-3-35所示。

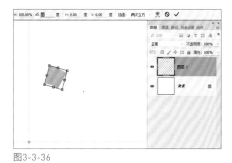

图3-3-36

（17）再次执行"自由变换"命令，同样将这个14°圆弧的中心点（旋转轴）拖曳到辅助线相交的圆心上，在属性栏角度选框中输入15°，如图3-3-36所示。

（18）确定后可以看到这个14°的圆弧会进行15°倾斜旋转，接着进行重复自由变换操作，此时可以边变换边复制，快捷键使用方法是按住Ctrl+Shift+Alt组合键，同时一下一下地按T键，可以看到原来只有一个14°的圆弧，现在多了起来，一直复制到整个圆环完成，如图3-3-37所示。

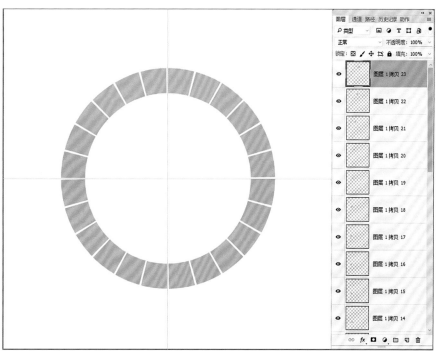

图3-3-37

（19）到此色相环的24个格子就制作完毕，接下来将格子逐个选择并进行色彩填充，先选择中间靠右的，以此为第一个，可以在此处单击鼠标右键并选择"相对应图层"，也可以按住Ctrl并利用移动工具点击选择相对应图层，如图3-3-38所示。

（20）打开拾色器，在拾色器中填写色值以得到标准的颜色，先选择红色，RGB色值为"255，0，0"，如图3-3-39所示。

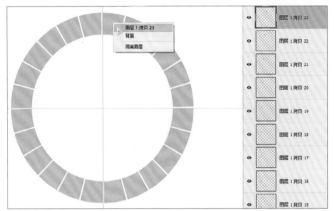

图3-3-38

图3-3-39

（21）选择颜色后，利用快捷键Shift+Alt+Delete将前景色填充到选中的图层中。注意图层顺序不能错，第一个图层为中线靠右的图像所对应的图层。这样就得到了色相环中第一块颜色。然后顺时针去数8个格子，不包括已经填充的颜色，数到第8个后单击右键并选择"相应图层"，如图3-3-40所示。

（22）再次点击前景色进入拾色器，设置颜色为绿色，目的就是先将3个原色进行填充，绿色的色值为"0，255，0"，如图3-3-41所示。

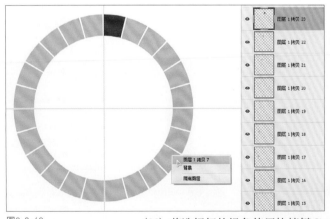

图3-3-40

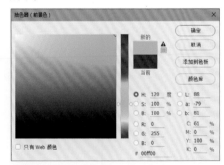

图3-3-41

（23）将选择好的绿色使用快捷键Shift+Alt+Delete填充到刚刚选择的第8个格子里面。以同样的选择和操作，再次顺时针去数第8个格子，记住不包括已经填充的绿色格子，然后前景色选择蓝色"0，0，255"进行填充，3个原色填充完毕后效果如图3-3-42所示。

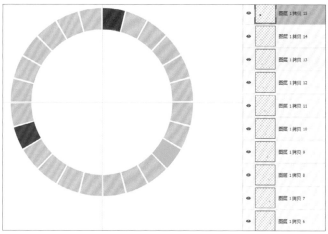

图3-3-42

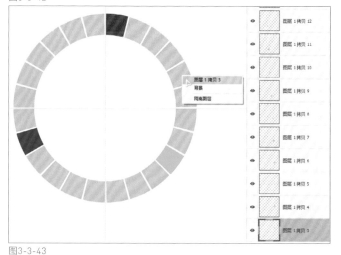

图3-3-43

（24）填充个原色后紧接着去填充由3个原色混合出的间色，间色位置在两个原色中间的格子，这就比较好找到了，利用选择工具先选中红色和绿色之间的格子，选中相对应的图层，如图3-3-43所示。

（25）红色和绿色之间的格子需要填充的是黄色，进入拾色器选择黄色，黄色色值为"255，255，0"，如图3-3-44所示。

图3-3-44

（26）设置黄色后依然可以利用前面所用到的无选区填充快捷键Shift+Alt+Delete来进行填充，如图3-3-45所示。

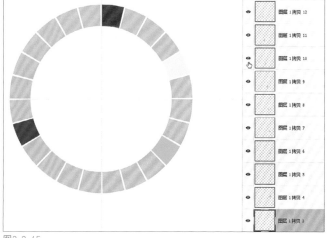

图3-3-45

（27）然后对蓝色和绿色之间的间色进行填充，设置前景色为青色，青色色值为"0，255，255"，如图3-3-46所示。

图3-3-46

（28）同样使用快捷键Shift+Alt+Delete将青色填充到绿色和蓝色中间的格子中，一定要选对图层才可以填充，否则会出现错误，如图3-3-47所示。

（29）点击前景色进入拾色器，设置颜色为洋红色，洋红色色值为"255，0，255"，如图3-3-48所示。

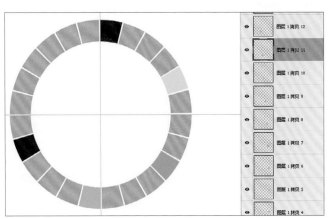

图3-3-47

图3-3-48

（30）将洋红色填入红色和蓝色中间的格子中，此时3个间色就填充完毕了，整个色相环已经填充了6个色块，完成了1/4，如图3-3-49所示。

（31）剩下的格子中色彩的填充就不太好运算了，不过如果大家能够弄清楚运算规律那也很简单。先从紧挨着红色的格子开始吧，利用移动工具选择这个格子的对应图层，如图3-3-50所示。

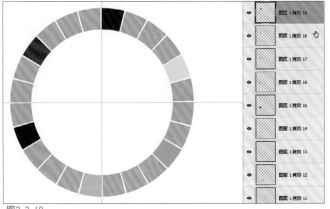

图3-3-49

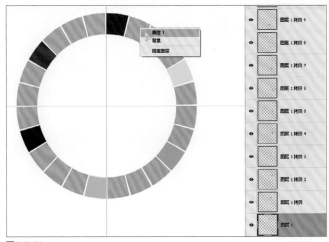

图3-3-50

（32）关键的操作是对色彩的设定，大家必须要知道此时色相环中色彩的变化规律。可以这样分析：在黄色中红色色值还是255，那说明红色到黄色之间的3个格子中红色都是255满值；黄色中绿色色值同样也是255，那说明从绿色到黄色之间的3个格子的颜色中绿色色值也肯定都是255的满值。黄色中绿色色值是255，到红色格子中绿色却变成了0，那可以利用除法来运算每个格子少了多少：255÷4=63.75。但是色值没有小数点，只有整数。四舍五入得到64，大概每个格子减少了64个色值，这样就可以推算出每个格子的色值了。每个格子是以64为单位递增或递减的，那么紧挨着红色的格子的色值就是红色满值255，绿色为64，如图3-3-51所示。

（33）填充了红色后面第一个格子的色彩后就可以按照递增规律设置色彩了，那么红色后的第2个格子的色彩就是红色保持满值255，绿色递增64也就是128，如图3-3-52所示。

图3-3-51

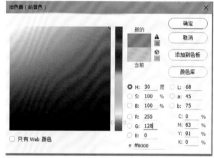
图3-3-52

（34）同理，运算出红色后的第3个格子的色值为红色满值255，绿色递增64也就是192，当然也可以用满值的绿色255减去64得到191（191和192这两个色值都可以），如图3-3-53所示。

（35）将这3个格子填充完毕后红色到黄色之间的色彩变化就完成了，如图3-3-54所示。

图3-3-53

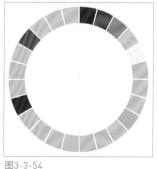
图3-3-54

（36）接着开始填充黄色后面的格子，同样要用移动工具选中相应图层，填充每个格子时都需要选中所对应的图层，如图3-3-55所示。

（37）黄色后的格子颜色为绿色满值255，红色减少64也就是191（或192），如图3-3-56所示。

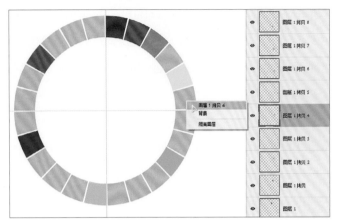

图3-3-55

图3-3-56

（38）黄色后的第2个格子就是绿色满值255，红色递减64也就是128，如图3-3-57所示。

（39）黄色后的第3个格子就是绿色满值255，红色递减64也就是64，如图3-3-58所示。

图3-3-57

图3-3-58

（40）填充这3个格子后效果如图3-3-59所示，可以对照效果图检测一下色彩是否准确。

（41）按照同样的运算方法运算出所有格子的色彩并且填充，其中有一个规律就是靠近哪个原色的格子里面的色值中哪个颜色为满值，远离的原色递减或递增，填充完所有格子后一个24色的色相环就诞生了，如图3-3-60所示。

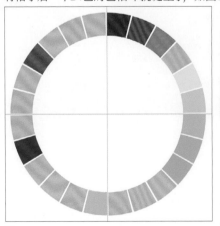

图3-3-59

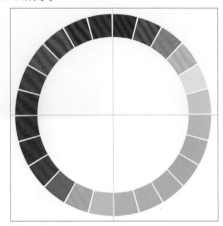

图3-3-60

（42）后续的工作还有很多，不要松懈，将所有填充了颜色的图层全部选中，最后的白色背景层不要选中，然后在任何一个图层上单击鼠标右键后选择"拼合图层"，将所有填充颜色的图层合并为一个图层，如图3-3-61所示。

（43）合并后将色相环进行图层复制，连续复制出两个，一共有3个色相环，如图3-3-62所示。

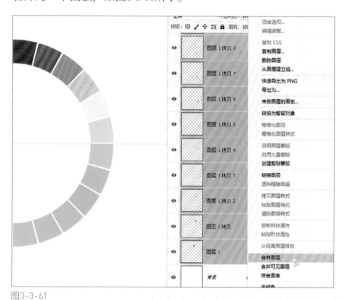

图3-3-61

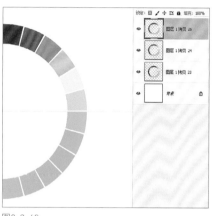

图3-3-62

（44）选中任何一个圆环进行自由变换，缩放时保持圆环不变形，保持中心缩放，按住Shift+Alt组合键即可，缩放到比原始的色相环小一圈，中间需要留有一个缝隙，确定操作后效果如图3-3-63所示。

（45）再次选择一个色相环图层同样进行自由变换，缩小到最里面，同样与比它略大的圆环保持一个缝隙，如图3-3-64所示。

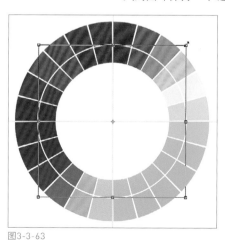

图3-3-63

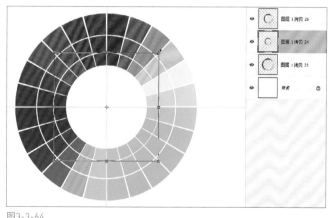

图3-3-64

（46）接下来对3个色环进行纯度的调整，最外面的圆环保持不变，选中中间圆环的图层，打开"色相/饱和度"命令，将饱和度减少25，如图3-3-65所示。

（47）接着选中最小圆环的图层，再次打开"色相／饱和度"命令，将饱和度减少50，如图3-3-66所示。这样色相环从外到内就有了饱和度的变化，最外圈是标准色，360°是标准的色相。

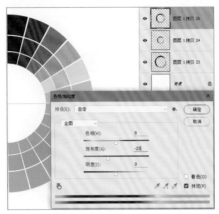
图3-3-65

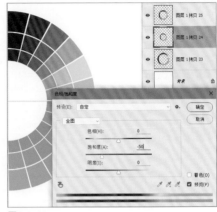
图3-3-66

（48）接下来需要标注色相环中的冷暖色系，在工具栏中选择椭圆形选框工具，将鼠标指针移动到圆心位置，按住Shift+Alt组合键绘制一个圆形选区，选择范围大于最大的圆环即可，如图3-3-67所示。

（49）选择选区后在图层新建一个空白图层，在"编辑"菜单下打开"描边"命令，设置描边颜色为黑色，描边宽度为3像素，给选区进行描边操作，如图3-3-68所示。

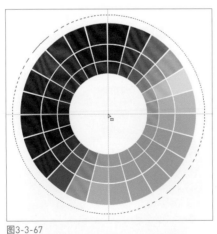
图3-3-67

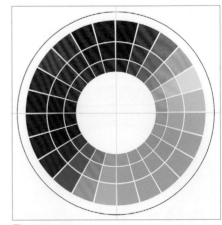
图3-3-68

（50）将描边的圆环线图层复制一个，利用自由变换进行等比放大，放大时保持中心不变，需要按住Shift+Alt组合键，如图3-3-69所示。

（51）在工具栏中选择文字工具，在画面中单击鼠标切换输入法就可以输入文字，输入"冷极"两个字，如图3-3-70所示。

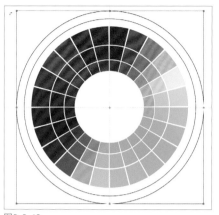

图3-3-69

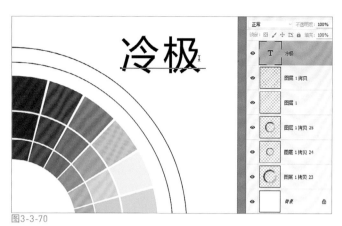

图3-3-70

（52）适当调整文字大小、方向、位置及角度，最终将文字拖动至天蓝色的位置（为天蓝色为色相环中最冷的颜色，被称为冷极），如图3-3-71所示。

（53）将"冷极"两个字复制，利用移动工具并按住Alt键即可直接复制，将复制出的文字拖动到橙色的区域并将"冷极"两个字改为"暖极"，如图3-3-72所示。

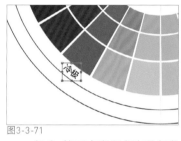

图3-3-71

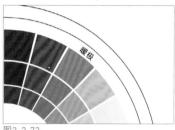

图3-3-72

（54）接下来利用多边形套索工具选择区域进行圆环线的进一步裁切，先选中里面的圆环线图层，利用多变形套索工具勾选暖极两边各4个格子的部分和冷极两边各4个格子的部分，并且直接将选择的部分删除，记住取消选区，如图3-3-73所示。

（55）然后选择外面的圆环线图层，利用多边形套索工具勾选距离冷极和暖极相等距离的6个格子，每边3个，然后删除选中部分的弧线，取消选区，如图3-3-74所示，其实这些处理是为了将圆环线制作成标注范围的弧线。

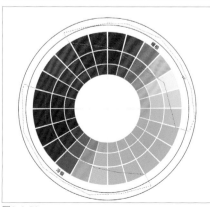

图3-3-73

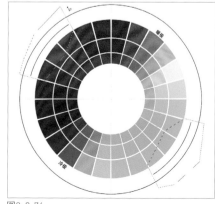

图3-3-74

（56）在工具栏中选择画笔工具，设置画笔笔头为实边缘画笔，不透明度为100%，画笔大小为3像素，颜色为黑色。利用画笔将每个弧线的端点绘制一段线条，绘制直线可以利用Shift键完成，如图3-3-75所示。

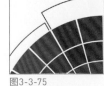

图3-3-75

（58）将所有标注区域的文字填写完成，可以通过复制前面调整好大小的文字，然后将文字内容修改即可。如果文字的角度不合适，可以利用自由变换进行旋转操作，如图3-3-77所示。

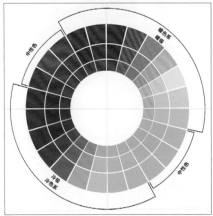

图3-3-77

（57）完成所有弧线端点处的绘制后标注范围的线就制作好了，主要是用来标注冷暖色系和中性色系，如图3-3-76所示。

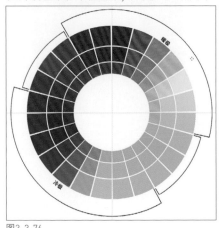

图3-3-76

（59）在圆环中间三原色相对应的位置放置几个英文字母，标注一下每个原色，如图3-3-78所示。

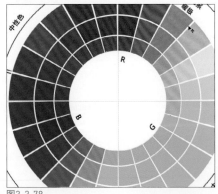

图3-3-78

（60）接下来标注色相环的角度。新建图层，利用画笔在中间部分绘制一条垂直线，线的长度要超出绘制的圆弧线一部分，如图3-3-79所示。

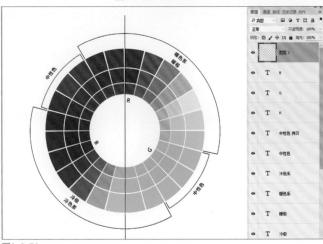

图3-3-79

（61）给绘制的垂直线执行自由变换操作，在自由变换的属性栏中的角度选框中输入45°，如图3-3-80所示。

（62）接着利用前面复制色相环格子的方式将这条线复制出4条，按住Ctrl+Alt+Shift组合键并逐次按T键，如图3-3-81所示。

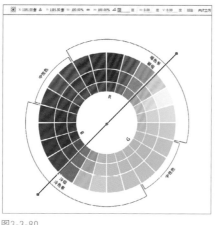

图3-3-80

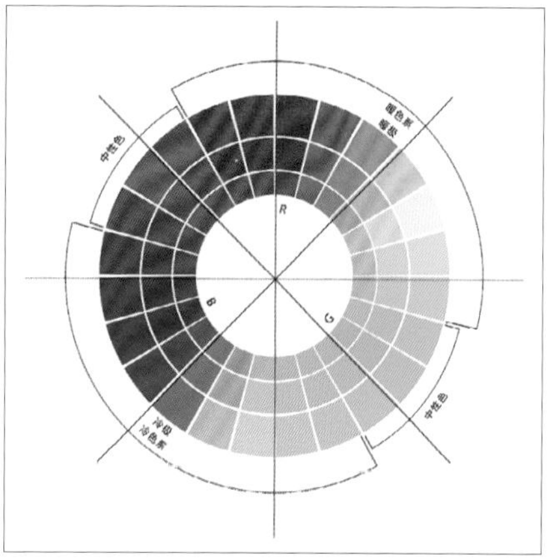

图3-3-81

（63）将这4个直线图层选中并且进行图层拼合，如图3-3-82所示。

（64）再次利用椭圆形工具以圆心为中心绘制一个圆形，选区大小超出最外面的圆弧线一部分即可，如图3-3-83所示。

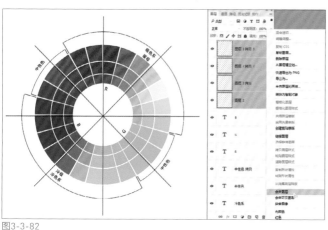

图3-3-82

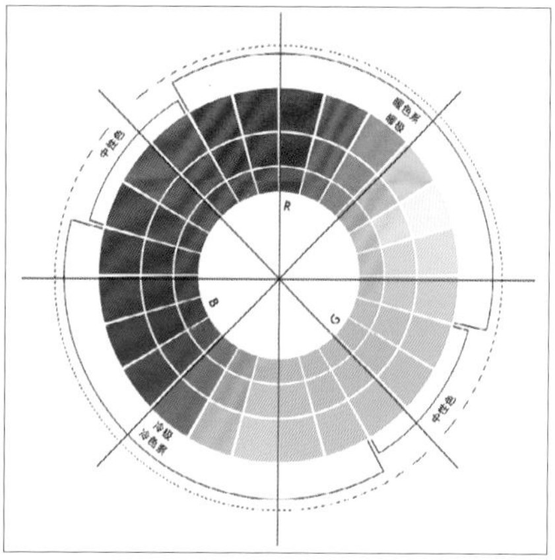

图3-3-83

（65）选中合并后的直线图层，利用"删除"命令将选区内的直线删除，然后在每个剩余的直线部分标注角度数值，最上面角度为0°，如图3-3-84所示。

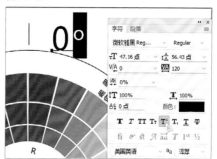

图3-3-84

（66）以45°为一个标注，分别为0°、45°、90°、135°、180°，左边部分填充为负值角度数值，即-45°、-90°、-135°，如图3-3-85所示。

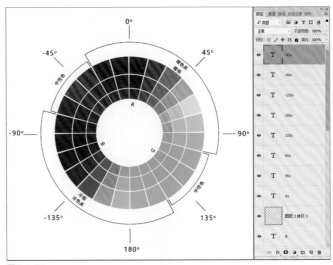

图3-3-85

（67）到此整个色相环制作完毕，在色相环中可以看出色相与饱和度的变化，色彩冷暖的划分，色相角度的改变效果，等等。此色相环不但在制作过程中使大家重新复习了很多以前的基本操作，还熟悉了色彩色值的运算，制作完成后一定要将色相环好好保存下来，以后用到色相环的机会有很多，最终的色相环如图3-3-86所示。

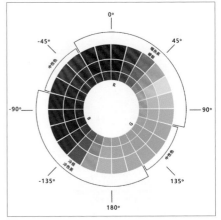

图3-3-86

后面的内容中还有很多关于色彩方面的理论，请大家继续学习。

3.3.4 Photoshop 软件中调色命令与色彩调整层的区别

在Photoshop软件中有两个区域存在调色的功能，包括"图像"菜单和图层面板，那到底该使用哪个进行调色呢？想要解决这个问题并不难，前提是要了解调色命令。大家只有很了解调色命令才能区分出两者的区别，两个部分的调色功能即有相同也有区别，使用哪里的调色功能直接影响了调色的效果与效率。

1. 调色命令与调整层的共同点

(1)所调整的方式相同

无论是"图像"菜单下的调色命令还是图层面板下的调色调整层，在相同情况下对于调整色彩的方式其实是一样的。比如，色阶中都是通过对总通道中的3个滑块的移动来改变画面的明暗和对比；曲线中同样都是通过对角线的曲线变化来改变画面的明暗对比及色彩，曲线中各点所代表的色彩明暗也是同样的，如图3-3-87所示。

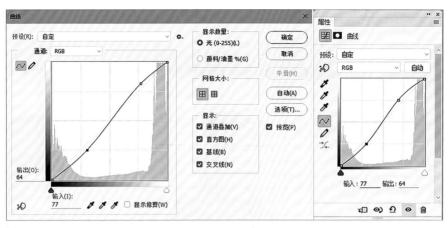

图3-3-87

（2）调色所运用的原理相同

　　调色命令中都会运用相应的调色原理来进行色彩的调整改变，菜单里的命令如此，图层面板中的调色调整层命令亦是如此。而且只要是相同的命令，在调色过程中所运用的原理也是相同的，比如，两个地方中的曲线都是运用了色彩的混合及色彩的互补原理，"色相/饱和度"命令都是运用了色彩三属性原理。

（3）调整后出现的效果相同

　　两个不同区域中的调色命令从对图像调整的效果来说也是完全一致的，如果运用了相同的命令对相同的照片做了相同参数的调整，那么得到的效果也是完全一致的，如果调整完后存储成合层格式，只看效果根本无法区分出是利用哪里的调色命令调整的，如图3-3-88所示。

图3-3-88

2. 调色命令与调整层的不同

(1)所针对的图层不同

在"图像"菜单下的调色命令调整色彩的过程中针对的是单独的图层，选中的是哪个图层就会将哪个图层进行调整，其他图层不会有任何变化，如图3-3-89所示。

图3-3-89

图层面板下的调整层在调整色彩时针对的是所有本层下方的图层，只要在调整层下方的图层都会发生相同的色彩变化，也就是说调整层可以同时调整多个图层，如图3-3-90所示。

图3-3-90

(2)所作用的图层不同

"图像"菜单下的调色命令是直接作用到所选图层上面的，当调整色彩时随着调色命令的执行，图层内容发生了变化，连图层缩略图都会跟着发生色彩变化，因此可以看出这里的调色命令是直接将图像图层进行改变的操作，算是有损操作，如图3-3-91所示。

图层面板下方的调整层在调整色彩时并非直接作用到图层本身，而是自动添加一个相应的调色层，是以一种滤镜片的形式来影响图像的色彩变化，其实真正的图层是没有发生色彩变化的，只是视图中发生了色彩变化，如图3-3-92所示。

图3-3-91

图3-3-92

（3）返回修改的方式不同

"图像"菜单下的调色命令，如果在使用过程中出现了错误只能通过历史记录中的步骤返回，是不能重新调出前面所设定的参数进行修改的，一旦发现晚了，历史记录步骤中没有了记录那就只能完全重新开始，某种情况下就会出现不必要的时间浪费，如图3-3-93所示。

由于图层面板下的调整层是以单独图层形式进行色彩改变，无论错误在前面的哪个步骤，无论有没有历史记录，都可随时将前面设置的参数打开并重新调整，不用返回修改，这样相对历史记录返回就方便了很多，可以将所有修饰完成的内容利用起来，不用浪费时间，如图3-3-94所示。

图3-3-93

图3-3-94

(4)局部返回方式不同

"图像"菜单下的调色命令在直接作用到原始图层时只能通过历史记录画笔对局部进行返回处理，如果调整前复制了原始图层副本，是可以添加蒙版来进行局部返回处理的，如图3-3-95所示。

图层面板下的调整层，在自动添加图层的同时也自动添加了图层蒙版，所以如果此时需要对局部进行返回处理可以直接利用蒙版，如图3-3-96所示。

图3-3-95

图3-3-96

3. 何时使用何处调色功能

(1)针对单图层调色时采取"图像"菜单下的调色命令

如果在调色过程中有一个单独的图层需要对色彩进行调整，此时可以使用"图像"菜单下的调色命令，如果使用调整层也是可以的，但是条件限制比较多，必须要满足一定的条件才可以，初学者操作起来很容易出错。

(2)当同时调整多个图层时需要采取调整层调色

如果画面中有多个图层需要同时调整一个色调时，而且这些图层又没有相互遮挡，那此时利用调整层就比较方便了，是可以同时调整的，如果使用"图像"菜单下的命令那就需要多次调整才可以。

(3)初学者调色不想破坏原始图像可以采取调整层调色

初学者对于调色的把握还不是很准确，如果在调整时不想破坏原始图层，最好使用调整层来调色，这样可以单独以调整层的形式出现，会有效地保护原始图层。

(4)当需要反复进行修改时采取调整层调色

如果对调色没有十足的把握，还是建议利用调整层进行调整，因为调整层是可以反复进行参数修正的。

(5)局部需要返回调整可以采取调整层调色

如果在图像调色时有局部需要进行恢复调整，最好使用调整层，因为调整层中自动带有蒙版，是恢复局部非常方便的操作。

以上这些内容就是"图像"菜单下的调色命令与图层面板下的调整层的区别与联系，一定要清楚两者之间的区别，才能准确地选择何时使用何处的调色，正确选择调色方式可以令操作变得更加方便、有效。

3.4
选区的进阶及应用

在第1章对选区的建立及运算做过简单的介绍，这些介绍是为了使初学者了解选区，但是随着学习内容的深入，初期学习的这些选区内容已经远远不能满足对照片的编辑了。所以必须要将选区的内容进行升级，一些具有一定难度的选区操作对图像的选择及选择后的柔滑度有着一定的作用，这些内容包主要括了钢笔和快速蒙版。

3.4.1 钢笔工具建立选区的技巧

钢笔工具本来属于路径绘制工具，但在摄影后期领域一直将钢笔工具用于选区的建立。很多初学后期的朋友对钢笔工具有着像对仿制图章工具一样的抵触，因为钢笔工具也是一个极难掌控的工具，没有扎实的功底是很难准确、熟练地操作它的。不过钢笔工具有他的可取之处，尤其是当要建立非常精准或带有弧度选区时，钢笔工具真的是不二选择。如果不会使用这么重要的工具，未免会有些惋惜。其实，如果找到了钢笔工具的使用窍门，学起来还是很容易的，前提是一定要舍得花时间去练习。

钢笔工具在操作上最难掌控的就是弧度的绘制，这就是很多人对它产生抵触的原因。弧度的绘制是钢笔工具的主要特色，如果不使用弧度只使用直线，那么完全可以利用多边形套索工具代替。弧度的绘制关键在于控制调节杆，掌握锚点的位置和距离。如果想很好地学习钢笔工具，这些内容绝对不能忽略。

1. 钢笔工具属性设置

在使用每个工具之前都要设置其属性，合理设置属性，使用起来会很顺手。钢笔工具也不例外。对于钢笔工具的属性只有两个部分需要调整，首先是将钢笔工具绘制的性质调整到路径，只要利用钢笔工具去制作选区或进行路径描边都需要设置为路径，不要选择形状或像素；其次是橡皮带，在自动添加/删除前面有个齿轮标志，点击该齿轮标志后就可以勾选"橡皮带"，此处的设置是为了预测锚点之间的弧度，比较适合初学钢笔工具的朋友，如图3-4-1所示。

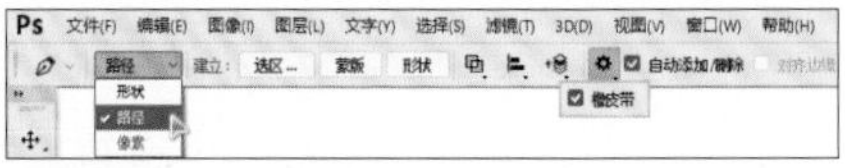

2. 钢笔路径的组成

在使用钢笔绘制路径时，路径上会根据操作出现一些内容，这些内容包括锚点、路径、调节点、调节杆、链接橡皮带。这些内容是绘制路径必要的项目，一定要知道每个项目名称的具体作用和具体操作方式，其中任何一个都有可能改变整个路径的结果，如图3-4-2所示。

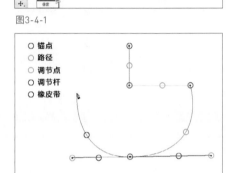

图3-4-1

图3-4-2

锚点：是用来绘制路径的必要部分，路径是靠锚点的增加来延长，并且根据锚点的位置、距离有不同的转向和弧度，当绘制弧度路径时锚点的位置和距离最重要。在钢笔工具被选择状态下，按住Ctrl键是可以对锚点进行移动的，以此可以对错误的锚点进行修正。

路径：在两个锚点之间绘制出来的线条就是路径，路径是最终保存下来的部分，可以用来调出选区和进行描边操作，路径的长度及弧度由锚点、调节杆和调节点决定。

调节点：调节点是在绘制弧度时利用钢笔工具直接拖曳而产生的，绘制直线完全不会出现调节点。拖曳锚点即可将调节杆及调节点拽出来，调节点同样利用Ctrl键进行移动修正。

调节杆：调节点与锚点之间的杠杆类直线就是调节杆，调节杆的角度和长短会直接影响所绘制的路径的弧度，通过对调节点的改变可以改变调节杆。一个锚点处会出现两个调节杆，没个调节杆所控制的是其前后的部分弧度，也可通过按住Alt键并点击锚点来减少一个调节杆，一般是绘制弧线时会用到。

橡皮带：鼠标与上一个锚点之间的连接线，此段线还不是路径，算是预测弧度的准路径，可以通过此段线来预测下一个锚点的位置。

3. 钢笔路径的绘制

钢笔路径的绘制就是很关键的操作了，也是最让人头疼的过程。很多人不喜欢使用路径进行选区的建立就是因为此处的操作有很大的难度，不过如果大家掌握此过程的规律也就没有那么难。

钢笔路径绘制包括直线与曲线的绘制，直线好说，主要会使用鼠标就可以绘制直线路径了。选择钢笔工具后设置其属性，只要单击鼠标定并第1个锚点就可以了，接下来找到第2个锚点的位置并单击鼠标就可以出现一个直线路径，如果需要水平或垂直的路径，只需要在绘制时按住Shift键即可完成。不过曲线的绘制就没有那么简单了，确定第1个锚点，确定第2个锚点时按住鼠标左键不放，直接拖曳就能拖出弧度路径，但是这个弧度路径是根据所拖曳出的调节杆的长度与角度来进行改变的，下一个锚点亦是如此，需要有一定的弧度就按住鼠标左键不放手直接拖曳即可，如图3-4-3所示。

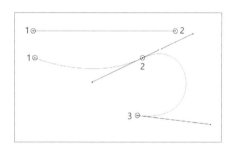

图3-4-3

当利用钢笔路径进行抠图时需要有一定绘制经验，要知道下一个锚点的位置应该确定在哪里，并不是随意确定的。需要记住的就是每两个锚点中间的距离不要过长，而且两个锚点间的轮廓只能有一个弧度，并且弧度不能太大，当进行拖曳时所遵循的方向是轮廓弧度的切线方向，只要需沿着切线方向即可拖曳出与轮廓边缘大概吻合的弧度，如果略有出入，可以适当进行调整，如图3-4-4所示。

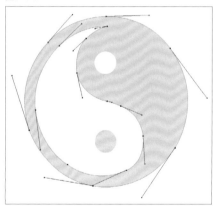

图3-4-4

当然，路径的操作除了这样直接拖曳出弧度还有另外一种方式，就是先绘制两点间的直线路径，然后在两点之间添加新的锚点，再按住Ctrl键利用鼠标拖曳，这样形成的弧度也是比较完美的，只是拖曳时需要掌握好力度，并且拖曳出的调节杆需要进一步修正。

首先可以利用直线路径的绘制方式将需要勾选的图像圈住，不过两点间的距离依然要遵循前面所讲的规律，不能离得太远，之间只有一个弧度，弧度要缓和，如图3-4-5所示。

接下来，在两个锚点之间的位置添加锚点，这个添加锚点的位置不一定是在中间，要根据弧度去选择合适位置，不过拖曳时是可以根据感觉调整的，添加了锚点就按住Ctrl键利用鼠标沿着弧度拱起的方向拖曳，拖曳后也许弧度不会完全吻合，此时适当调整一下调节杆的长度即可，如图3-4-6所示。

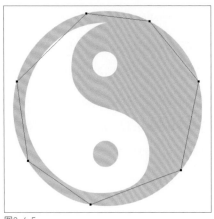
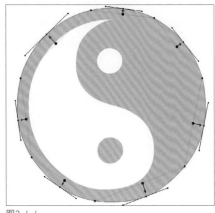

图3-4-5　　　　　　　　　　　　　　图3-4-6

对于钢笔工具的绘制还是需要多练习才可以，慢慢熟悉其操作技巧，使用钢笔工具一定要心平气和，切勿急躁，耐心是练好钢笔工具的最好态度。

4. 钢笔路径与选区的转换

使用钢笔路径最主要的目的就是建立选区，当路径绘制完毕后要记得将路径转换为选区，因为路径与选区的作用不同的。路径转换选区最快捷、有效的方式就是利用快捷键Ctrl+Enter，当然也可以利用路径面板下的按钮及"隐藏"菜单里的相关命令完成。既然谈到了路径面板，就在此做个介绍吧，后面也需要用到。路径面板与图层面板比起来就简单多了，里面没有那么多按钮，都很简单，容易记住，如图3-4-7所示。

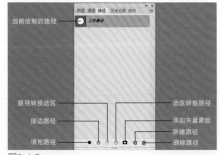

图3-4-7

从路径面板中的按钮可以看出，选区与路径是可以相互转换的，可以建立路径转换为选区，也可以建立选区转换为路径，这就看大家在绘制时习惯哪些操作工具了。当需要路径时，某些形状也许选区比较好绘制，可以先绘制选区再转换为路径。

将路径转换为选区有时候是需要进行选区运算的。比如，将路径转换成选区了，发现有一部分没有选中或是多选了，在路径转换选区的同时就需要结合选区的运算。还记得前面讲解选区时所说的选区的加减运算吗？其实这里是一样的，结合相应快捷键即可。比如，有一部分路径没有选中，此时需要加选，当第1个路径已经转换为选区了，可以再次利用路径去勾选没有选中的部分，然后利用快捷键Ctrl+Shift+Enter来进行加选。相反，要是多选了，第1个路径已经转换为选区了，那就再次利用路径勾选多选部分，然后利用快捷键Ctrl+Alt+Enter来进行减选。

路径与选区的关系是相互的，大家对于两者都需要熟悉。关于路径的绘制与选区转换先介绍这些，下面讲解路径描边的相关内容。

5.描边路径

利用路径描边可以绘制出很多唯美、漂亮的图案，以及柔和、优美的曲线，这些内容在后期的版面设计及合成制作中起到了很好的装饰作用。

描边路径的前提是必须得有路径存在，这里的路径根据想要的效果可以选择钢笔绘制或其他路径形状工具绘制，当然也可以利用选区转换过来。在此利用两个实例来介绍一下描边路径的制作，大家可以根据实例举一反三，绘制出自己需要的图形。

（1）新建一个文件，可以随意设置一个尺寸，分辨率为300像素／英寸，色彩模式为RGB模式，如图3-4-8所示。

（2）在工具栏中选择钢笔工具，将工具栏中设置为路径，然后在新建的文件中绘制一段路径，可以按照笔者绘制的路径形状绘制，也可以随意绘制，绘制完毕后按住Ctrl键断开，因为要用到的是一段路径，不是闭合路径，如图3-4-9所示。

图3-4-8

（3）绘制路径新建一个图层，后面的描边路径是必须要新建图层的，如果此处没有新建图层那么后面的操作会变得很复杂，如图3-4-10所示。

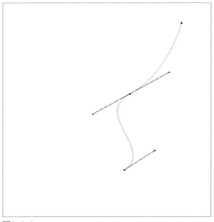

图3-4-9

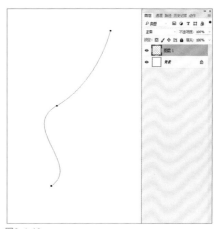

图3-4-10

（4）在工具栏选择画笔，设置画笔笔头为第2组的第2个硬边缘压力大小的笔头，设置不透明度为100%，并设置合适的画笔粗细，如图3-4-11所示。

（5）打开前景色拾色器，设置颜色为纯黑色，当然其他颜色也是可以的，如图3-4-12所示。

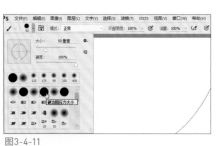

图3-4-11

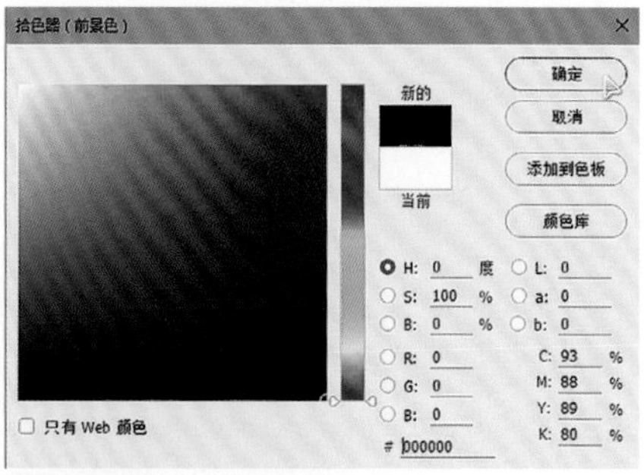

图3-4-12

（6）进入到路径面板，如果界面中没有路径面板，可以在"窗口"菜单下面打开。进入路径面板后点击工作路径，在右上角隐藏菜单下选择描边路径，如图3-4-13所示。

（7）点击描边路径后出现一个对话框，在工具里面选择画笔，然后勾选"模拟压力"复选项，如图3-4-14所示。

（8）此时可以看到画面中出现一条粗细渐变的线条，然后在路径面板中将工作路径拖曳到"删除"按钮上删除，如图3-4-15所示。

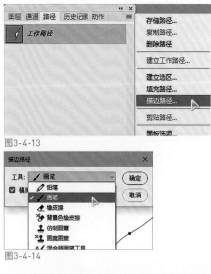

图3-4-13

图3-4-14

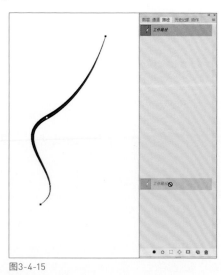

图3-4-15

（9）回到图层面板，选中已经绘制了线条的新建图层，在"编辑"菜单下选择"自由变换"命令，将中间的旋转轴移动到线条底端，如图3-4-16所示。

（10）将鼠标指针移出定界框，可以适当对线条做一下旋转，旋转角度不要太大，然后按住Shift键并拖曳右上角，按比例适当缩小一些，如图3-4-17所示。

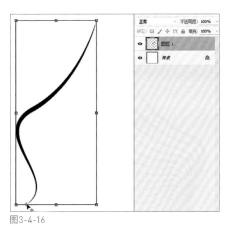

图3-4-16

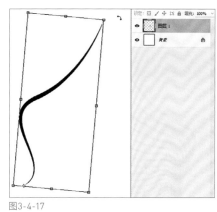

图3-4-17

（11）按Enter键确认后可以看到线条变得倾斜一些并且缩小了一些，其实这次自由变换只是为后面做出一个样子，也就是规定一个变换的规律。接下来采取重复复制渐变，就像前面制作色相环那样，按住Ctrl+Alt+Shift组合键，并逐次按T键，一直到多条线条出现，这里复制出了16条，加上前面的一条，一共17条线条，组合成了一个类似翅膀样式的图案，如图3-4-18所示。

（12）将所有线条图层选中，可以借助Shift键操作，选中后在图层多功能区域（灰色区域）单击鼠标右键，选择"合并图层"，如图3-4-19所示。

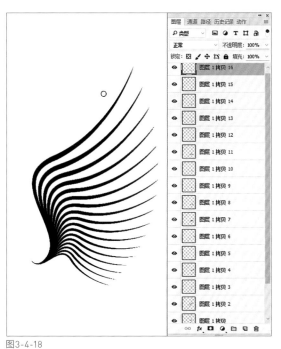

图3-4-18

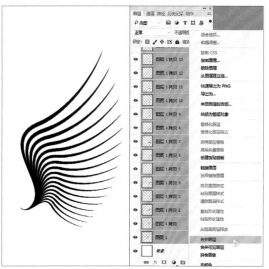

图3-4-19

（13）将合并的图层再次进行复制，得到两个有相同翅膀图案的图层，如图3-4-20所示。

（14）利用移动工具将其中一个翅膀图案移开，可以看到有两个一模一样的翅膀图案，如图3-4-21所示。

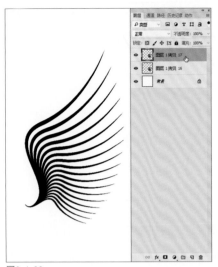

图3-4-20

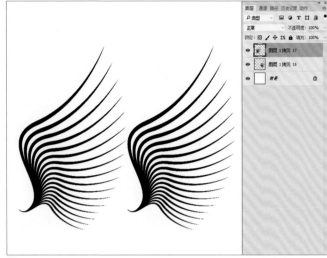

图3-4-21

（15）将移开的翅膀做自由变换操作，在"自由变换"命令中单击鼠标右键后选择"水平翻转"，如图3-4-22所示。

（16）适当移动进行拼合，可以看到非常漂亮的翅膀图案，如图3-4-23所示。

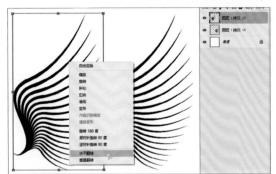

图3-4-22

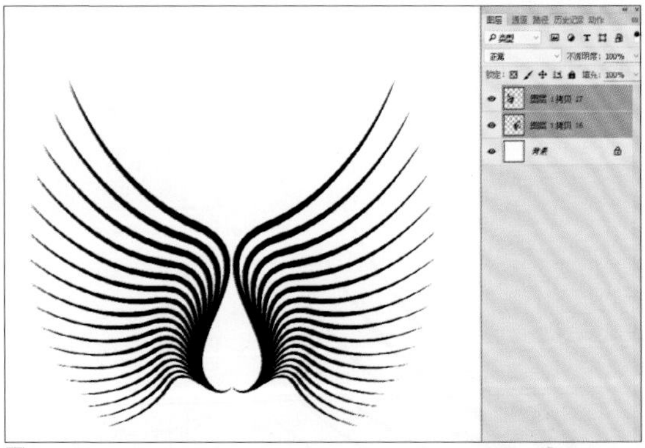

（17）接下来将两个翅膀图层进行合并，选中两个翅膀图层单击鼠标右键后选择"合并图层"，如图3-4-24所示。

图3-4-24

图3-4-23

（18）将合并后的翅膀图层选区调出来，按住Ctrl键并点击图层缩略图即可，调出选区后可以将图层删除，如图3-4-25所示。

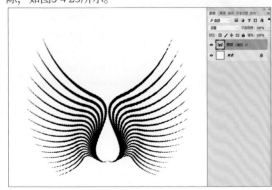

图3-4-25

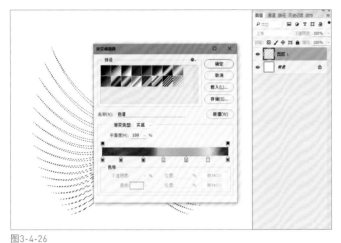

图3-4-26

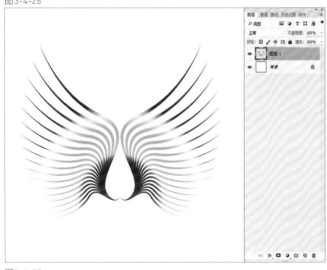

图3-4-27

（19）然后再次新建图层，在工具栏中选择渐变工具，进入渐变编辑器，选择一个色谱渐变，如图3-4-26所示。

（20）选择径向渐变，利用色谱在新建的图层上将选区渐变成七彩色，如图3-4-27所示。

（21）选择背景色，直接将背景色修改成纯黑色，这样显得翅膀更明亮，如图3-4-28所示。

（22）最后的绘制效果就是这样，一对非常华丽、漂亮的翅膀，如图3-4-29所示。

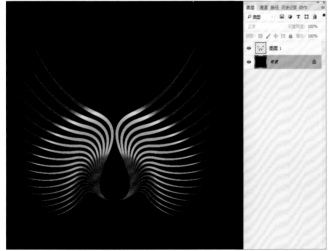

图3-4-29

为了使大家学习更多内容，更加熟悉操作，下面再讲解一个实例。

图3-4-28

（1）新建一个文件，设置宽度为8英寸，高度10英寸，分辨率为300像素／英寸，白色背景色，8位通道，如图3-4-30所示。

（2）利用钢笔工具绘制一些弧线，按草的生长方向来绘制，按住Ctrl键可以断开，多绘制一些，如图3-4-31所示。

图3-4-30

（3）利用路径选取工具将所有绘制的路径选择（记得选择所有路径）。然后新建空白图层，如图3-4-32所示。

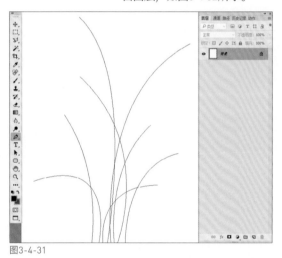

图3-4-31

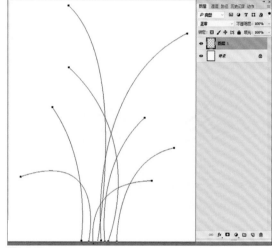

图3-4-32

（4）选择画笔工具，设置画笔笔头为第2组实边画笔，不透明度为100%，前景色设置为绿色，如图3-4-33所示。

（5）进入路径面板，选中工作路径，然后在路径面板右上角的隐藏菜单中选择"描边路径"命令，如图3-4-34所示。

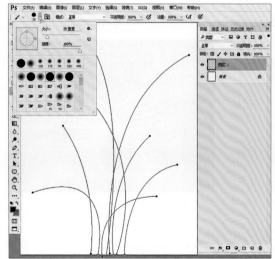

图3-4-33

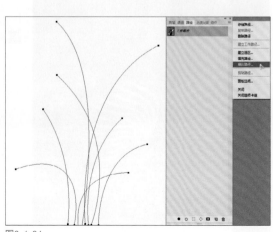

图3-4-34

（6）利用绿色进行描边后可以看到画面中出现很多类似草苗的图案，如图3-4-35所示。

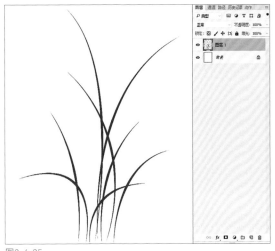

图3-4-35

（7）在工具栏中选择路径形状中的椭圆形工具，此处不是选择椭圆形选区工具，一定要分清楚，如图3-4-36所示。

图3-4-36

（8）在每一个图形的顶端绘制一个圆形路径，适当改变大小，如图3-4-37所示。

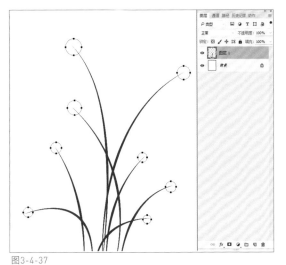

图3-4-37

（9）选择画笔工具，打开画笔预设对话框，可以按F5键打开，在笔尖形状界面的下方调整一下画笔间距，使画笔笔触散开即可。在形状动态界面顶端设置大小抖动，使画笔有一些大小变化，如图3-4-38和图3-4-39所示。

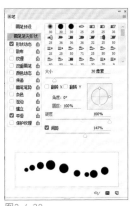

图3-4-38

图3-4-39

（10）前景色选择粉红色，利用路径选取工具选中所有圆形路径，新建图层描边，如图3-4-40和图3-4-41所示。

（11）再次新建图层，将画笔工具笔头改为第1个柔边缘画笔，适当调整

图3-4-40

画笔大小，在每一个描边后的圆圈内点画出一个粉色虚边的圆形。然后更改前景色为黄色，缩小画笔，在粉色圆形上面点画一些类似花蕊的黄色小点，如图3-4-42所示。

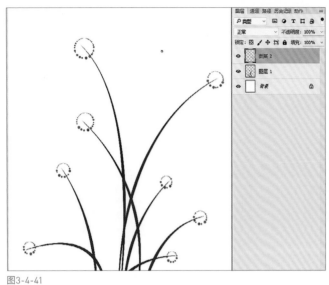 

图3-4-41　　　　　　　　　　　　　　　　　图3-4-42

（12）选中最下层背景图层，填充一个淡绿色的背景，如图3-4-43所示。

（13）除了最下面的背景层以外，将其余层全部合并，合并后多复制几个图层，适当改变不透明度和大小，调整到不同位置，出现远近虚实和大小变化，如图3-4-44所示。

图3-4-43　　　　　　　　　　　　　　　　　图3-4-44

（14）一个简单的利用路径描边绘制的图案就出现了，如图3-4-45所示。

这就是描边路径的优势，可以根据自己的需求绘制出很多的图案。大家发挥自己的想象，去实现自己的绘画梦想吧。

图3-4-45

路径这一部分无论是作为选区还是进行描边绘制，在后面的内容中都会经常使用到，所以为了以后能够操作顺利，一定要加强练习。

3.4.2 快速蒙版建立选区

快速蒙版作为选区的一种方式被大家广泛使用，其建立选区的方法简单，容易操作。当然，要想将快速蒙版使用到炉火纯青的地步那必须要经历高强度的训练，熟能生巧就是这个道理。快速蒙版唯一的作用就是建立选区。很多人经常将快速蒙版与图层蒙版混淆，其实这两个蒙版是完全不同的两个操作，一定要区分开。

对于快速蒙版来说，关键的部分就是对画笔的掌握，所以基础的画笔操作还是不能忽视的。快速蒙版在建立选区方面真的是很好用，不用去考虑选区的羽化值，想要什么样的柔和选区都可以，建立的选区操作起来没有痕迹，过度均匀。

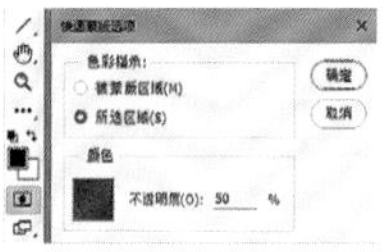

图3-4-46

1. 使用快速蒙版前的设置

快速蒙版在默认情况下所作出的选区并不是需要的部分，必须要设定好才可以。

使用快速蒙版之前双击"快速蒙版"按钮，在色彩指示下面点击所选区域，这样建立出的选区将会是需要的部分，如图4-4-46所示。

2. 快速蒙版进入和退出的操作

使用快速蒙版建立选区的首要前提就是要进入快速蒙版，只有进入快速蒙版后才可以操作快速蒙版。很多人在初期学习中经常忘记进入快速蒙版就进行画笔的操作，结果怎么也得不到选区，这是非常容易出现的一个错误。

使用快速蒙版前可以单击"快速蒙版"按钮，确定此按钮已经被打开再去使用画笔工具涂抹。涂抹前记得将前景色设置为黑色。当需要选择的区域涂抹完成时点击"快速蒙版"按钮即可退出并得到选区，也就是从哪里进去的就从哪里出来。当然也可以使用键盘的快捷键，按Q键可以进入快速蒙版，按Q键也可以退出快速蒙版。此处必须要清楚进入快速蒙版和退出快速蒙版时按钮不同的状态，如图4-4-47所示。

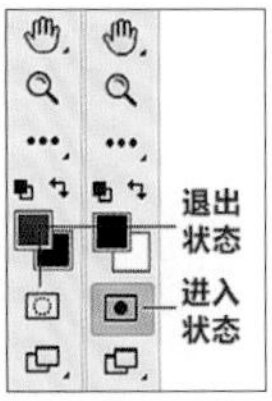

图3-4-47

3. 结合快速蒙版时画笔的设置及用法

在使用快速蒙版时画笔起到了决定性作用，正确设置画笔会为选区的建立创造非常便利的条件，下面介绍快速蒙版模式下画笔的设置。

在前面的内容中就介绍过画笔工具，也讲过一般情况下画笔笔头都选择柔边缘的笔头，此处也不例外，同样先将画笔的笔头设置为第1个柔边缘笔头。然后去设置画笔的不透明度，此处的不透明度决定了选区建立后柔和度的效果，画笔的不透明度越低涂抹的颜色就越浅，得到的选区就越弱，羽化值就越大。反之，画笔的不透明度越高，涂抹的颜色就越深，得到的选区就越强，羽化值就越小。这只是单独针对画笔不透明度的解释，如果涂抹次数不同也会有这些影响。通常情况下为了使涂抹的区域边缘柔和、无痕迹，画笔的不透明度应尽量小于50%，笔者使用时一般设置在35%左右，这样可以很柔和地使用画笔涂抹区域，如图4-4-48所示。

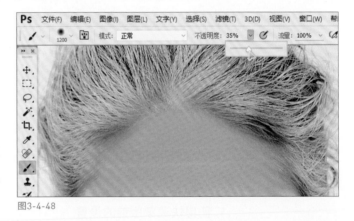

图3-4-48

设置画笔并不是万事大吉，在应用时从使用技法上还是需要注意的。进入快速蒙版，使用画笔涂抹时尽量不要使用同一个画笔大小进行涂抹，要根据所涂抹区域适当进行笔圈大小的改变。通常情况下都是先用大笔圈，再用小笔圈，这样一层层进行过渡。涂抹次数也需要掌控，按住鼠标左键无论涂抹多久都算做一次，涂抹不会加深。只有松开鼠标再次按住鼠标左键才算第二次，涂抹会变深。

4. 快速蒙版应用中常见问题解答

很多朋友在使用快速蒙版时会遇到各种问题，笔者根据多年教学经验将这些问题大致总结出来，希望大家使用快速蒙版遇到了类似问题时能够解决。

（1）问：为什么快速蒙版建立的选区不是想要选择的区域，而是相反的区域？

答：因为快速蒙版设置错误，双击"快速蒙版"按钮，点击所选区域即可。

（2）问：为什么在快速蒙版中利用画笔涂抹了，退出后却看不到选区存在？

答：由于涂抹的次数不够，或画笔的不透明度设置过低，涂抹过浅，没有超过50%。这样看不到选区的蚂蚁线，但是选区是已经存在的。

（3）问：利用画笔涂抹时如何快速对画笔笔圈的大小进行缩放？

答：在使用所有画笔类工具时都可以利用左右大括号按键来改变笔圈大小，但前提是将输入法切换为英文输入状态。

（4）问：为何在快速蒙版中使用画笔时看不到画笔的笔圈，只能看到一个十字架形状的鼠标指针？

答：出现这种情况有两种解决方法：检查画笔笔圈大小的数值，是不是设置到了最小或最大；检查键盘大写键指示灯是否开启，如果开启请关闭大写键。

（5）问：为何在快速蒙版中画笔涂抹不出红色的颜色？用画笔涂抹没有任何反应，这是什么原因？

答：首先确认是否进入快速蒙版编辑状态，可以查看"快速蒙版"按钮是否被按下；检查画笔属性设置，是否画笔的不透明度设置过低，顺便检查画笔属性中的混合选项是否为正常模式；检查前景色是否为纯黑色，如果不是纯黑色则设置为纯黑色。

（6）问：问什么利用快速蒙版涂抹出来的选区在调色时会有很明显的痕迹？

答：首先确定画笔属性中笔头是否选择错误，正确选择是第一个柔边缘画笔；涂抹时尽量不要在一个地方以相同大小笔圈多次涂抹，可以尝试以不同笔圈大小进行渐变式涂抹；涂抹时画笔不能过小，太小就会使选区边缘比较清晰。

5. 快速蒙版实例操作

首先感谢白石山人为本实例提供图片。

（1）打开需要调整的照片（见图3-4-49），可以明显看到画面中的对比度及层次是需要调整的。

图3-4-49

（2）先利用"滤镜"菜单下的Camera Raw 滤镜适当调整一下对比度和层次，具体调整是对清晰度、曝光、对比度、白色、黑色进行相应处理，尽量使画面变得更通透一些，如图3-4-50所示。

图3-4-50

（3）接下来就利用快速蒙版来建立选区，进入快速蒙版，选择画笔并设置画笔属性，如图3-4-51所示。

图3-4-51

（4）利用较大的画笔笔圈涂抹远处的山的部分，涂抹时注意画笔涂抹次数，靠近边缘部分可以多涂抹几次，如图3-4-52所示。

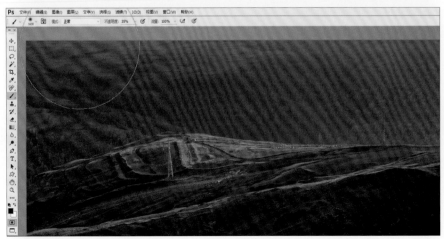

图3-4-52

（5）涂抹完成后直接退出快速蒙版，可以得到后面远山部分选区，如图3-4-53所示。

图3-4-53

（6）保持选取选区，执行"图像｜调整｜曲线"菜单命令，在曲线的总通道下调整远处区域的明暗及对比，调整程度如图3-4-54所示。

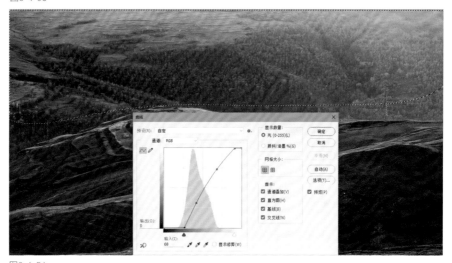

图3-4-54

（7）调整后记得取消选区，然后再次进入快速蒙版，适当调整画笔笔圈大小，对图像下面部分进行涂抹，依然是越靠近边缘的部分涂抹越重，如图3-4-55所示。

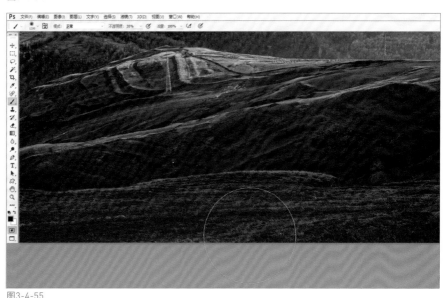

图3-4-55

（8）退出快速蒙版得到选区，如图3-4-56所示。

（9）保持选取选区，再次打开"曲线"命令，对此区域进行整体提亮，暗部压暗的处理，如图3-4-57所示。

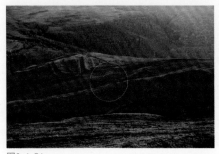
图3-4-56

图3-4-57

（10）取消选区，然后再次进入快速蒙版，利用画笔涂抹中间山体部分，此处涂抹要注意山体边缘的过渡，如图3-4-58所示。

（11）退出快速蒙版得到选区，如图3-4-59所示。

图3-4-58

图3-4-59

（12）保持选取选区，再一次打开"曲线"命令，依然在总通道下调整此区域的明暗及对比，如图3-4-60所示。

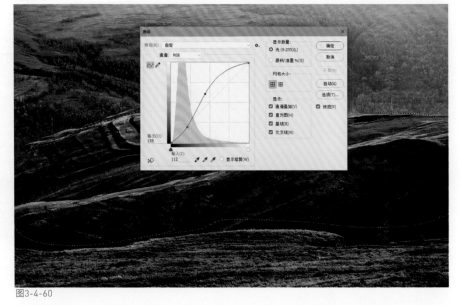
图3-4-60

（13）取消选区，再一次进入快速蒙版，此次所选择的是画面中所有被阳光照耀的部分，对于不同区域要得适当改变画笔笔圈大小，如图3-4-61所示。

（14）退出快速蒙版得到选区，如图3-4-62所示。

图3-4-61

图3-4-62

（15）打开"曲线"命令，进入红通道，直接提升红通道的中间点，然后进入蓝通道，降低蓝通道的中间点，目的是使所有选择区域的颜色更接近金色，如图3-4-63和图3-4-64所示。

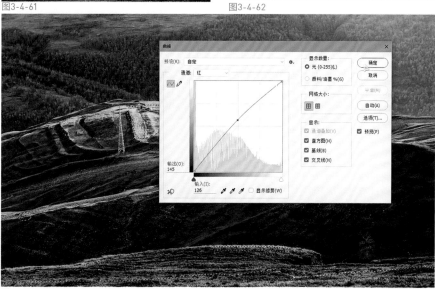
图3-4-63

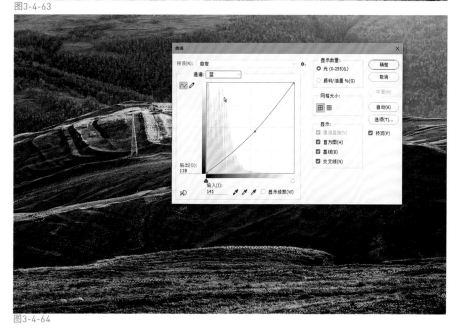
图3-4-64

（16）取消选区，整体上再调整一下色彩。执行"图像菜|调整|可选颜色"菜单命令，对画面中的红色、黄色、绿色、青色、黑色做一些调整，主要调整方向是使色彩偏向金色，增强对比，增强细节，具体调整参数如图3-4-65、图3-4-66、图3-4-67、图3-4-68和图3-4-69所示。

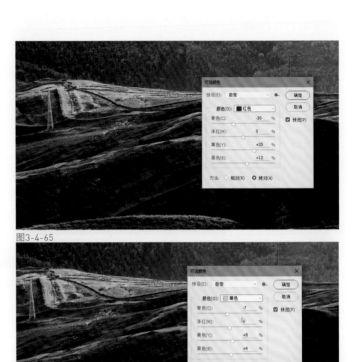

图3-4-65

图3-4-66

图3-4-67

图3-4-68

图3-4-69

图3-4-70

（17）调整这些细节后，执行"图像|调整|色相/饱和度"菜单命令，先对整个画面的饱和度做一些提升，如图3-4-70所示。

图3-4-71

（18）整体饱和度提升后，绿色纯度还是稍微欠缺一些，在"色相/饱和度"对话框中选择绿色，提升其饱和度，如图3-4-71所示。

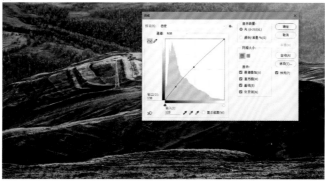

图3-4-72

（19）最后可以再次使用曲线把控一下整个画面的明暗和对比，微调即可，如图3-4-72所示。

（20）最终的修饰结果如图3-4-73所示。

图3-4-73

以上就是针对快速蒙版所介绍的内容，快速蒙版并不是很复杂，关键就是画笔的使用技巧，多练习以掌握其中的精髓，大家熟悉了快速蒙版肯定会喜欢这种选择方式。

3.4.3 选区在图像层次调整中的运用

选区的应用有很多，填充、修图、调色、调整层次都会使用选区，可见选区非常重要。在层次调整中选区的建立起到了至关重要的作用，如果选区建立合适，调整出来的层次过渡均匀、柔和，层次变化丰富。反之，层次的调整将会出现很多调整痕迹，会产生生硬过渡的效果。

下面利用实例操作进行讲解，希望大家能通过实例的演示明白选区的运用。感谢董雪雁提供实例照片。

（1）打开需要修饰的照片（见图3-4-74），可以明显看出照片的层次有问题，画面灰蒙蒙缺少对比，构图也需要调整。

图3-4-74

图3-4-75

（2）先进行二次构图，在工具中选择裁切工具，清除裁切工具属性栏中的数值，裁掉一部分地面，拉高一部分天空并扩展右侧空间，如图3-4-75所示。

图3-4-76

（3）裁切后利用矩形选框工具将天空部分选中，在"编辑"菜单下打开"自由变换"命令，如图3-4-76所示。

图3-4-77

（4）利用"自由变换"命令将选中的部分直接拖至画布顶端，这样天空的面积就增加了，如图3-4-77所示。

（5）同样利用矩形选框工具将右侧背景部分选择，不要选到马匹，然后在"编辑"菜单下打开"自由变化"命令，如图3-4-78所示。

图3-4-78

（6）利用"自由变换"命令将选中的部分向右拖一些（不要一下拖到右边边缘），这样背景的面积就增加了一部分，如图3-4-79所示。

图3-4-79

（7）接着再次利用矩形选框选择大部分内容，整体去拖曳以避免不大幅度拖曳一个局部，保证图像变形的程度最小，如图3-4-80和图3-4-81所示。

图3-4-80

图3-4-81

图3-4-82

（8）再次裁切一下，变化太多了很有可能会使画面变形，所以直接将没有变换过去的部分裁切，如图3-4-82所示。

（9）构图结束，进入Camera Raw滤镜将照片对比度及明暗适当调整一下，调整参数可以参照图3-4-83，如果更换照片切勿使用相同数值，应根据画面变化适当调整各项参数。

图3-4-83

（10）接下来就是对层次细节的处理，这时候就会用到选区了，还是利用快速蒙版建立选区。点击"快速蒙版"按钮，利用画笔将中间群马部分涂抹，涂抹时不是一直都是相同轻重，要根据照片中的虚化程度去把握涂抹的次数，如图3-4-84所示。

图3-4-84

（11）涂抹完后退出快速蒙版，会得到选区，此时的选区已经是羽化处理的，可以放心大胆地去调整。因为有选区存在，调整时只能调整所选区域，执行"图像｜调整｜曲线"菜单命令，将此部分适当提亮并增加对比度，如图3-4-85所示，记得使用选区后要取消选区。

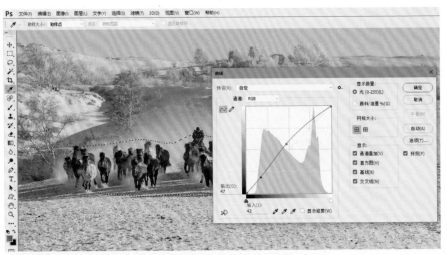

图3-4-85

（12）继续调整层次，再次进入快速蒙版，利用大画笔涂抹前面地面部分，越靠近下边边缘的部分涂抹越重，如图3-4-86所示。

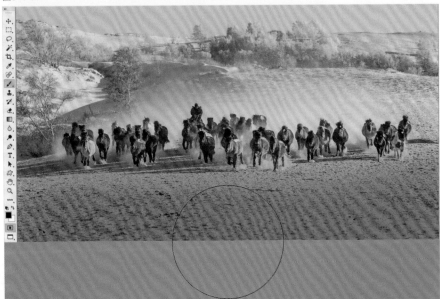

图3-4-86

（13）退出快速蒙版，得到选区，再次打开曲线，将总通道中的最低点向右调整，这样就会将所选部分的对比度增强，细节也会显示得多一些，如图3-4-87所示，调整后取消选区。

图3-4-87

（14）下面还得利用快速蒙版做选区，这次选中的是中间山体部分，这里需要调整的细节会更多一些。进入快速蒙版，用画笔涂抹，涂抹时注意画笔别太大，要留意到与天空和马匹部分衔接的过渡状况，如图3-4-88所示。

图3-4-88

（15）退出快速蒙版，得到选区，打开"曲线"命令。这次调整的依然是选中部分的明暗和对比，目的就是使画面的层次更丰富一些，如图3-4-89所示。

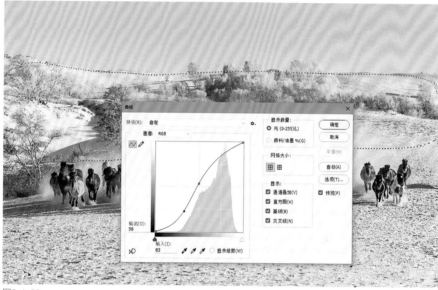

图3-4-89

（16）利用快速蒙版选择天空部分，注意天与山的衔接部分。得到选区后将天空部分压暗，并且适当调整重颜色和高光，此处算是减少了天空的对比度，如图3-4-90所示，取消选区。

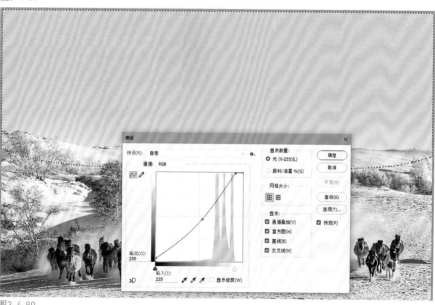

图3-4-90

（17）层次调整得差不多了，然后利用"色相／饱和度"命令将整个画面的饱和度减少一些，低饱和的效果好看一些，如图3-4-91所示。

图3-4-91

（18）曲线处理一下整体的色调，此处分别对3个通道进行了底点（暗部）、顶点（高光）的调整，详细调整参考图3-4-92、图3-4-93和图3-4-94所示。

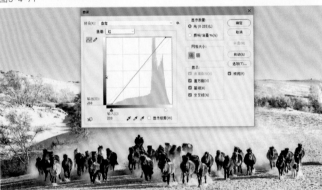

图3-4-92

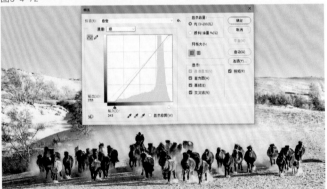

图3-4-93

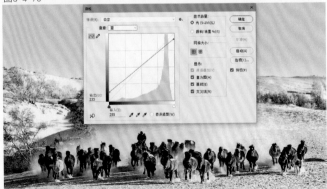

图3-4-94

图3-4-95

（19）到此对照片的层次及色调调整得差不多了，选择可以添加一点素材，这张照片有一些国画的氛围，那就添加一些书法和篆刻素材，加上素材后国画氛围马上增强了，如图3-4-95所示。

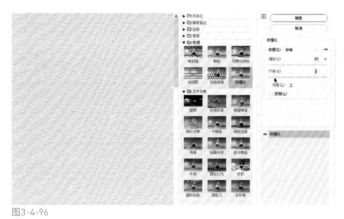

图3-4-96

（20）添加素材后将所有图层进行合并，然后在"滤镜"菜单下打开滤镜库，从中选择纹理下面的纹理化，纹理选择为砂岩，适当调整缩放和凸现的参数，如图3-4-96所示。

（21）最终的效果出现了，这幅摄影作品已经升华为带有国画元素的艺术摄影作品了，如图3-4-97所示。

图3-4-97

（22）其实选区的应用不仅仅是在调整层次和色彩上，修图中也经常使用到，前面讲到选区工具时曾讲过，选区是很重要的，一定要将所有建立选区的方式都熟悉。快速蒙版的利用是很多的，记住前面提到的几点关键内容。

3.5

图层进阶知识

　　图层是Photoshop软件中的核心部分，前面对图层的面板及图层的原理做了一些介绍，当然只掌握这些图层的知识肯定是远远不够的，大家需要学习的知识还有很多。

　　图层中所包含的知识点很丰富并且相对有点复杂，但是大家要有信心，复杂并不等于有难度。图层中最难理解的就是蒙版这一部分，下面就通过讲解来帮助大家理解蒙版工作原理。

3.5.1 图层蒙版原理解析

　　图层是Photoshop软件的核心部分，而蒙版是图层的核心部分。

　　其实图层蒙版没有大家想象中那么复杂，所谓图层蒙版只不过就是图层的一个保护遮罩。其中包含着对图层的隐藏关系、选区关系。为什么说蒙版是对图层的一个保护遮罩呢？这是因为加入蒙版后可以直接在蒙版中处理图层显示区域或形状，不用直接修改图层内容，这样就有效保护了图层不受破坏。

　　图层蒙版的作用有很多，在调色、修图、合成领域都得到了广泛应用。而且使用图层蒙版时可以结合画笔、橡皮及渐变等工具。

1. 图层蒙版显示原理

　　学好图层蒙版最关键的就是明白其显示原理，图层蒙版的应用可以影响到当前添加蒙版的图层的显示及下一图层的显示效果。针对当前添加蒙版的图层而言其显示原理为：黑隐，白显，灰透明。对于下一图层而言其显示原理为：黑显，白隐，灰透明。

　　大家在图3-5-1中可以看到图像中有3个区域：A、B、C，这3个区域显示的内容是不一样的。在图层面板中可以看到"图层2"图层是当前添加蒙版的图层，"图层1"图层是下一图层。在"图层2"图层添加的蒙版中可以看到有黑、白、灰3个色彩区域，这3个区域正好对应了图像中的A、B、C的3个区域。分析后可以得知：当蒙版中为黑色时当前"图层2"图层中的蓝色不显示（A区域），而下一图层的图案完全显示出来；当蒙版中为白色时当前"图层2"图层的蓝色完全显示，下一图层的图案看不到（B区域）；当蒙版中为灰色时当前"图层2"图层的蓝色为半透明显示，灰色越接近白色，蓝色显示越清晰，下一图层图案显示越弱，反之灰色越接近黑色则蓝色显示越弱，下一图层图案显示越强（C区域）。这就是图层的显示原理，记住"黑隐，白显，灰透明"即可。

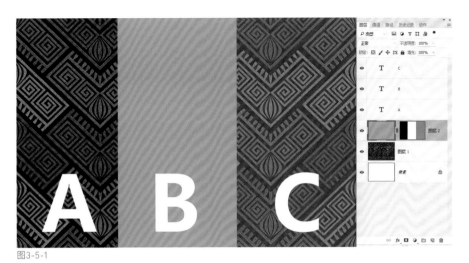

图3-5-1

2. 图层蒙版选区原理

图层蒙版中除了显示原理外，还有选区原理，也就是说蒙版中是存在选区的。前面介绍过从图层中调取图像选区，其实蒙版选区也是如此调出的。不过在蒙版中调取选区同样与蒙版中的色彩明暗有关系，这个关系类似图层显示原理，同样以7个字概括：黑无，白有，灰透明。可以根据图3-5-2分析，从蒙版中调出选区后新建图层并填充红色，得到的结论是：蒙版中的黑色区域不能调出选区，蒙版中的白色区域可以完全调出选区，蒙版中的灰色区域可以调出一部分选区。灰色越接近白色，选区调出越强烈，反之越弱。

图3-5-2

3.5.2 画笔、橡皮工具与图层蒙版的结合

图层蒙版的使用是必须结合辅助工具操作的，如果单独使用其作用就会大打折扣。画笔及橡皮工具的配合使用将会使蒙版的作用发挥得淋漓尽致。其实无论结合哪种工具都离不开蒙版的显示原理。

蒙版默认情况是白色的，而画笔工具是可以对蒙版进行涂抹的，如果前景色为黑色的情况下使用画笔工具即可将蒙版涂抹为黑色（画笔不透明度为100%），此时就可以使对应的图像区域隐藏，就可以看到下一图层内容。如果涂抹时超出了预想范围，可以直接将前景色改为白色，再次利用画笔工具涂抹，即可将多涂抹的黑色涂改为白色，此时图像再次显示。如图3-5-3所示，可以看到画笔涂抹过的区域蒙版为黑色，该区域图层画面隐藏，显露出了下一图层。

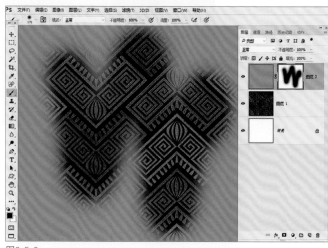

图3-5-3

橡皮工具本身就是和画笔工具作用相反的，如果在蒙版中使用橡皮工具其作用也是相反的。橡皮工具应用的是背景色，所以如果想利用橡皮工具结合蒙版进行操作那就必须设置背景色。当背景色为黑色时橡皮工具可以将蒙版涂抹为黑色，此时涂抹区域图像隐藏，显示出下一图层内容。当背景色为白色时，橡皮工具可以将蒙版涂抹为白色，此时图层中被擦除的内容就可以重新显示，如图3-5-4所示。

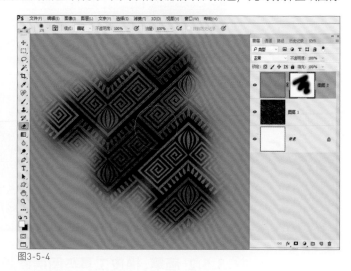

图3-5-4

一定情况下，橡皮工具和画笔工具都可以起到相同的作用，只是要适当去调整前景色或背景色。建议大家使用画笔去结合蒙版操作，因为橡皮工具的工作原理相对复杂，不太适合初学朋友，很多人很难理解该工作原理。

1. 以蒙版结合画笔工具为例

（1）打开需要使用蒙版的照片（见图3-5-5），照片是已经修饰好的，这里只是利用它来演示一下图层蒙版结合画笔工具的使用技巧。

（2）将这张照片背景制作成超低饱和度的效果，但是人物色彩不发生变化。这样的操作就会使用到图层蒙版和画笔工具了。将原始背景图层拖动到"新建"按钮上，将图层进行复制，如图3-5-6所示。

图3-5-5

图3-5-6

（3）选中背景副本图层，执行"图像|调整|色相/饱和度"菜单命令，将这个照片的饱和度降低，具体数值根据画面变化而定，如图3-5-7所示。

（4）饱和度降低后整个画面变成了超低饱和的效果，色彩变得很淡，此时给"背景拷贝"图层添加图层蒙版，如图3-5-8所示。

图3-5-7

图3-5-8

（5）在工具栏中选择画笔工具，设置画笔笔头为柔边缘，不透明度为100%，前景色设置为黑色。选中图层蒙版缩略图，利用画笔在人物部分涂抹，当涂抹黑色后可以看到画面中被涂抹的部分出现了原始的色彩，如图3-5-9所示。

图3-5-9

（6）涂抹时要随着涂抹区域的变化适当改变画笔笔头大小，尽量涂抹得细致一些。如果不小心涂抹到人物以外的部分（图3-5-10所示的背景部分），可以使用撤销恢复，如果无法恢复可以采取画笔来恢复。

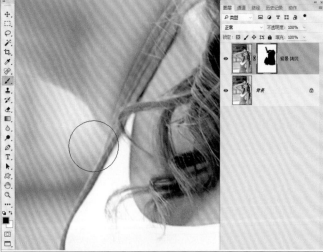

图3-5-10

（7）使用画笔来恢复就是将前景色改为白色后再次利用画笔工具详细涂抹前面被多涂抹的区域，如图3-5-11所示。

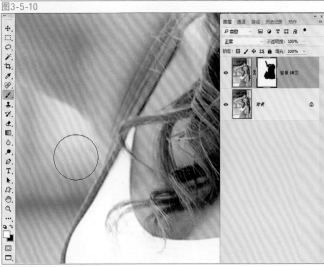

图3-5-11

（8）按照这样的方式，再次将前景色转换为黑色后继续涂抹，最终将人物部分完全涂抹出来，如图3-5-12所示。

（9）最后的效果如图3-5-13所示，背景色彩淡雅，人物色彩浓厚。

图3-5-12

图3-5-13

2. 以蒙版结合橡皮工具为例

（1）打开照片（见图3-5-14），需要制作的效果是将背景虚化，增加景深感。

图3-5-14

（2）使用快捷键Ctrl+J将"背景"图层复制得到"图层1"图层，如图3-5-15所示。

图3-5-15

（3）选中"图层1"图层，执行"滤镜｜模糊｜高斯模糊"菜单命令，设定模糊半径为9像素，如图3-5-16所示。

图3-5-16

（4）模糊后给"图层1"图层添加图层蒙版，然后在工具栏中选择橡皮工具。设置橡皮工具笔头为柔边缘，不透明度为100%。将背景色设置为黑色，选中图层蒙版缩略图，利用橡皮工具擦除人物面部，此时笔圈尽量放大一些，如图3-5-17所示。

图3-5-17

（5）接下来将橡皮工具的不透明度设置小一些，最好设置到10%以下，这样涂抹时不会留下痕迹，利用低不透明度的橡皮工具对面部以外部分均匀擦涂，如图3-5-18所示。

图3-5-18

（6）最后的景深效果通过高斯模糊结合图层蒙版和橡皮工具制作完毕，如图3-5-19所示。

图3-5-19

3.5.3 渐变工具与图层蒙版的结合

图层蒙版的应用除了能和画笔、橡皮工具结合操作外就是与渐变工具结合了。渐变工具在蒙版中的作用相当了得，合成、调色及绘画都可以使用到渐变与蒙版的结合。渐变本身是一个绘制类工具，它和画笔工具、橡皮工具属于同种类别。一般情况下是用来绘制色彩过渡或特殊形状的，但是由于渐变的特殊性，因此将他结合到了图层蒙版。

渐变工具解析

渐变工具位于Photoshop软件的工具栏中，他的绘制性能比较强，可以绘制色彩过渡及渐变的样式，可以绘制各种特殊的形状，但是这都需要进行合理的编辑才可以实现。在渐变工具的学习中最重要的就是要知道渐变编辑器是怎样编辑色彩的，还要记住每种渐变形式会出现什么样的渐变效果。下面来熟悉一下渐变工具的属性栏，如图3-5-20所示。

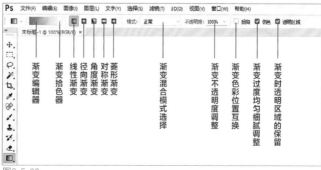

图3-5-20

渐变编辑器是渐变工具编辑色彩的场所，使用该编辑器可以对渐变色彩做各种设定，如图3-5-21所示。

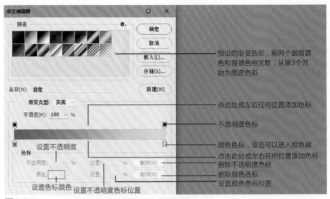

图3-5-21

在渐变编辑器里已经有预设的渐变色彩了，在这些预设中前面两个是根据前景色和背景色的变化而变化的，第1个是前景色到背景色的渐变，第2个是前景色到透明的渐变，这两个不固定。从第3个开始就是固定的预设，不过也可以选择后在下面的渐变条进行编辑色彩。

对色彩的渐变编辑主要是在编辑器中间的渐变条上进行编辑的，上方黑色色标是色彩不透明度的显示，色标颜色越深则不透明度越高，色标颜色越浅则不透明度越低。渐变条的上方任何一个位置都可以添加色彩不透明度色标，以此来控制所对应区域的色彩不透明度。色标也可以移动，下面有位置显示，位置是以百分比显示的。如果不再需要某个色标，可以将不需要的色标直接拖曳出渐变编辑器界面来删除，也可以选择该色标后点击下面的"删除"按钮删除。

渐变条下方的色标为色彩的色标，双击色标即可进入拾色器来选择想要的色彩，如果需要添加渐变色也可以在渐变条下方单击鼠标进行添加，添加色标后选择想要的色彩，色标依然可以移动，也可以将其删除，移动、删除方式与不透明度色标一样，下面有相对应的按钮。

在渐变编辑器中编辑颜色后就可以退出并进行渐变填充了，渐变填充的方式有5种，每一种所填充出来的效果不一样，各有特色。

第1种是线性渐变，此种渐变是根据设置好的渐变色彩按照鼠标拖曳的方向进行直线型渐变，鼠标拖曳方向的变化决定渐变方向的变化，如图3-5-22所示。

图3-5-22

如果渐变时起点为画面的一个边缘，结束点为对应的另一个边缘，那么在画面中正好是设置好的色彩渐变，而且渐变过度均匀。如果起点不在边缘，或结束点不在边缘，那起点之前的色彩就是渐变色的第1种色，结束点以后的区域色彩就是最后一种颜色，如图3-5-23所示。

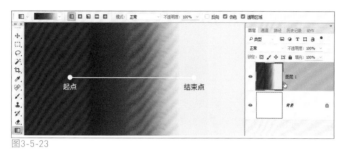

图3-5-23

第2种是径向渐变，此种渐变会以起点为圆心，拖曳方向为渐变方向，以圆环形式从中心向四周放射渐变，如图3-5-24所示。

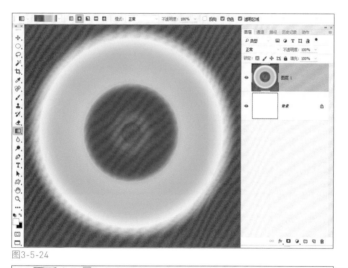

图3-5-24

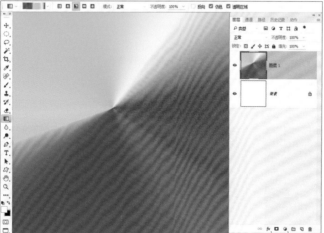

图3-5-25

第3种是角度渐变，此种渐变将会以起点为圆心，拖曳线为半径做360°旋转渐变，最后的颜色与第1个颜色相接，如图3-5-25所示。

第4种是对称渐变，渐变后两侧效果相同，以起点为对称点，按照拖曳方向进行双向反向渐变，如图3-5-26所示。

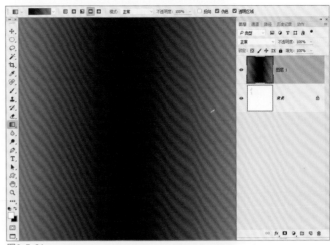

图3-5-26

第5种是菱形渐变，此种渐变的形式类似径向渐变，只是渐变的形状不同，径向是环形向外扩散，菱形是以菱形向外扩散，如图3-5-27所示。

以上这些就是渐变的基本操作，现在了解了渐变，

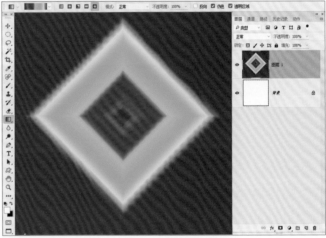

图3-5-27

可以将渐变与蒙版进行结合。这种结合可以完成很多神奇的效果制作，无缝隙拼合与合成操作是离不开渐变结合蒙版的。在蒙版中使用渐变通常使用黑色到透明渐变，这也是根据蒙版显示原理进行的。下面将渐变与蒙版结合起来进行实例演示，注意每个操作步骤的细节。

（1）启动软件后将需要进行蒙版操作的3张天空照片（见图3-5-28、图3-5-29和图3-5-30）打开。

图3-5-28

图3-5-29

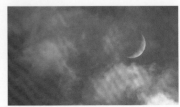

图3-5-30

（2）最好是一次将3张照片全部打开，可以关闭以选项卡方式打开图像的选项，这样在打开后这3张照片是可以同时看到的，如图3-5-31所示。

图3-5-31

（3）在"文件"菜单下选择"新建"命令，创建一个文件，尺寸为21cm×28.5cm，分辨率为300像素/英寸，RGB模式，当然也可以自行调整参数，如图3-5-32所示。

（4）利用移动工具将打开的3张天空照片拖动到新建的文件中去，拖动时按照顺序进行，此处的先后顺序很重要，先拖动有草地的照片，最后推动有月牙的照片，这样就分出了上、中、下层。位置也是要从下往上依次摆放照片，如图3-5-33所示。

图3-5-32

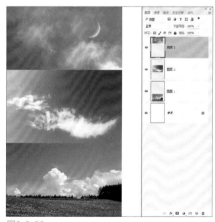

图3-5-33

（5）这3张照片尺寸不一定合适，这时候就要利用自由变换对每一个照片进行适当的缩放调整，最终将3张照片的尺寸调整至充满画布边缘，如图3-5-34所示。

（6）调整尺寸和位置后就可以给图层添加蒙版了，添加蒙版要选对图层，不能随便给图层添加蒙版。此处添加蒙版的规律是：当两个图层进行融合拼接时，哪一个图层在上方则给哪一个图层添加蒙版，如图3-5-35所示。

图3-5-35

图3-5-34

（7）添加蒙版后需要设置渐变工具，在工具栏中打开渐变工具并设置其属性，将渐变调整为黑色到透明的渐变并且选择线性渐变，如图3-5-36所示。

图3-5-36

（8）现在需要隐藏每两个图层之间的痕迹，使两个图层融合在一起，可是此时只能看到一个边缘，如果渐变过长将会出现另一个边缘，这就是穿帮了。如果渐变过短那么融合渐变的过度不均匀，也会出现痕迹。为了避免出现这些情况，可以将添加蒙版图层的不透明度适当调低一些，这样就可以看清楚边缘在哪里了，如图3-5-37所示。

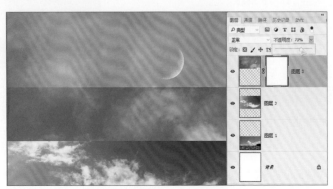

图3-5-37

（9）一切就绪，那就开始将渐变运用到蒙版中去吧，选择蒙版后利用渐变工具从一个痕迹向上拖曳，拖曳到上面的边缘痕迹，拖曳时可以借助Shift按键进行垂直向上渐变，如图3-5-38所示。

图3-5-38

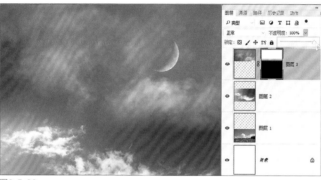
图3-5-39

（10）渐变操作后可以看到蒙版中成为黑色到白色的一个填充，这正好运用了蒙版的显示原理，此时将图层的不透明度调回到100%，效果就出现了，上面两张天空照片完美融合了，如图3-5-39所示。

（11）接下来就是要融合中间图层和下面的图层了，选中中间图层添加图层蒙版，如图3-5-40所示。

（12）重复操作以上融合的步骤，降低不透明度，垂直渐变，调回不透明度，中间层和下面的图层就融合好了，如图3-5-41所示。

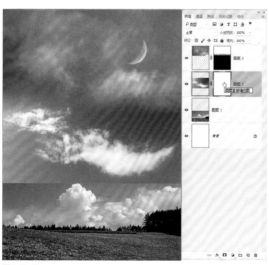
图3-5-40

图3-5-41

这样就将3张天空的照片进行了完美的融合，整个融合过程就是通过渐变结合图层蒙版的方式来完成的，然后将图层合并，如图3-5-42所示。

图3-5-42

最后，广阔、高远的天空效果出现了，如图3-5-43所示。

图3-5-43

再演示一个关于人像拼合的实例，这个实例中除了会应用到图层蒙版和渐变以外还会用到修图、构图、调色等知识点，也算是对前面所学内容进行一个复习吧，其实后面很多的操作都是前面知识点的综合应用。

(1)将需要操作的3张人像照片（见图3-5-44、图3-5-45和图3-5-46）打开，最好不要以选项卡方式打开，打开后可以在Photoshop界面同时看到3张照片，如图3-5-47所示。

图3-5-44　　　　图3-5-45　　　　图3-5-46

图3-5-47

（2）新建一个文件，设置为28.5cm×21cm，分辨率为300像素/英寸，如图3-5-48所示。

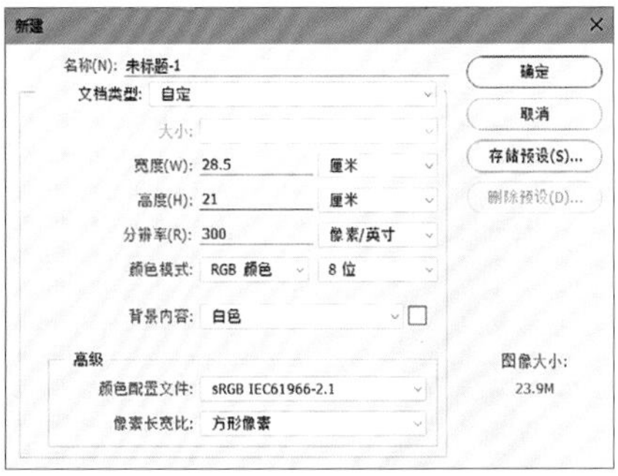

（3）利用工具栏中的移动工具将3张照片拖曳到新文件中，此时可以看到图层面板中一共出现4个图层，如图3-5-49所示。

图3-5-48

图3-5-49

（4）利用"自由变换"命令调整3张照片的大小比例，调整各照片位置，最好将图层顺序也排列一下，图层面板中从上到下对应着图像从右到左，如图3-5-50所示。

图3-5-50

（5）先选中最上面的图层，添加图层蒙版，记住前面一个实例中所说的"哪个图层在上面给哪个图层添加蒙版"，如图3-5-51所示。

（6）在工具栏中将前景色设置为黑色，选择渐变工具，然后进入到渐变编辑器，选择第2个前景色到透明的渐变，如图3-5-52所示。

图3-5-51

图3-5-52

（7）设置渐变样式为线性渐变，在图中沿着右边第1张照片左侧边缘向右侧拖曳渐变，不要拖曳过长，尽量别超过下面图层的右边缘，如图3-5-53所示。

图3-5-53

图3-5-54

（8）渐变操作后可以看到图层蒙版中出现了黑色渐变，图像融合到了一起，如图3-5-54所示。

（9）选中从上面数第2个图层，也就是图像里中间的那张照片，添加图层蒙版，如图3-5-55所示。

（10）同样，使用渐变工具在图像中从中间照片的左边缘向右侧拖曳渐变，以完全露出第3张照片中人物的胳膊为止，如图3-5-56所示。

图3-5-55

图3-5-56

（11）如果此时胳膊没有很清晰地显示出来，说明渐变还有一部分遮挡，此时不用重新渐变，可以使用黑色画笔在蒙版中擦除胳膊部分，这样就可以使胳膊部分清晰显示出来，如图3-5-57所示。

（12）此时3个人像照片基本上算是融合在一起了，如图3-5-58所示。

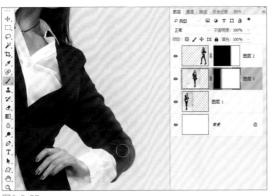

图3-5-57

图3-5-58

（13）此时右边人像顶端还有一部分空隙，选中右边人物所在的图层，在工具栏中选择矩形选框工具，将头顶上方背景部分框选，如图3-5-59所示。

（14）在"编辑"菜单下打开"自由变换"命令，利用"自由变换"命令将背景拉长到画布边缘，使背景充满画布，如图3-5-60所示。

图3-5-59

图3-5-60

（15）这样看上去效果就舒服了很多，最起码画面完整了，如图3-5-61所示。

（16）接下来可以修饰背景中穿帮的背景轴，先盖印一个图层，然后利用内容识别填充来修饰。先利用套索工具选择一部分，然后在"编辑"菜单下打开填充，从中选择内容识别进行填充，如图3-5-62所示。

图3-5-61

图3-5-62

（17）所有穿帮部分都可以用同样的方法进行处理，留下的痕迹再利用仿制图章工具进行修饰。利用工具栏中的快速选区工具将整个照片中的背景选择，然后新建图层，如图3-5-63所示。

图3-5-63

（18）选择背景后保持选取选区，在工具栏中选择仿制图章工具并设置其属性，不透明度可以设置为50%左右，如图3-5-64所示。

图3-5 64

（19）利用仿制图章工具处理背景中所有穿帮、残缺和脏乱的部分，如图3-5-65所示。

图3-5-65

（20）再次盖印图层，此时可以对图像进行色彩调整了，执行"图像|调整|曲线"菜单命令，字调整一下对比度，如图3-5-66所示。

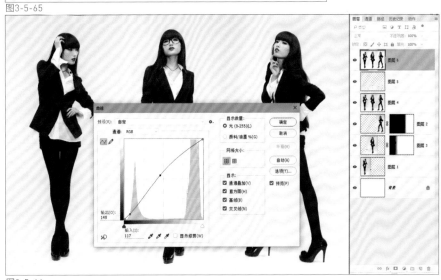

图3-5-66

（21）再次新建图层，设置仿制图章工具，此时不透明度保持在30%左右即可，如图3-5-67所示。

图3-5-67

（22）修饰皮肤后照片就显得干净多了，如图3-5-68所示。

（23）再次盖印图层，调整整张照片的色调，打开"色相/饱和度"命令，降低整个照片的饱和度，使画面变得更时尚，如图3-5-69所示。

图3-5-68

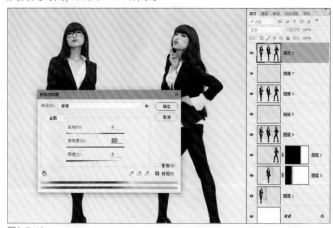

图3-5-69

（24）打开"曲线"命令，在蓝通道调整一下底点，使暗部加一点蓝色调，如图3-5-70所示。

图3-5-70

(25)接着进入绿通道，调整绿通道中的底点和顶点，使画面暗部略偏洋红，亮部略偏暖绿，如图3-5-71所示。

图3-5-71

(26)在"滤镜"菜单中打开"锐化"命令，使整个照片更清晰一些，如图3-5-72所示。

图3-5-72

(27)最后的修饰结果如图3-5-73所示，这样在一张照片中就出现了同一个人不同动作的效果。

图3-5-73

有关图层蒙版与渐变的结合知识就先讲这么多吧，其实最主要的还是大家要勤加练习，熟能生巧是真理。多多练习就可以将渐变的技巧掌握得游刃有余。蒙版的操作也应多练习，既然学会了蒙版那就多将蒙版应用到日常的操作中。

3.5.4 摄影后期中常用图层样式解析

　　图层样式是Photoshop中用于制作各种效果的强大功能，利用图层样式功能，可以简单、快捷地制作出各种立体投影、各种质感及光影效果的图像特效。也可以说图层样式就是对图层进行的装修，有了图层样式图层的效果将不再那么单调。而且图层样式应用普遍性很强，普通的图像图层、文字图层、形状图层等都可以很轻松地添加图层样式效果。还有就是图层样式可以随意复制，粘贴到其他图层，保持图层样式设置的一致性。

　　既然图层样式如此强大，那应该如何添加图层样式呢？需要满足什么样的条件呢？

　　图层样式添加的条件就是除被锁定原始背景层以外的所有图层都可以添加，没有类别限制，没有图层数量限制。添加图层样式的方式有多种，最方便、快捷的方式就是在图层空白区域直接双击鼠标左键即可打开"图层样式"对话框。当然也可以单击图层面板下方的Fx图标打开图层样式选项菜单，还有就是可以在"图层"菜单下选择"添加图层样式"命令来打开图层样式，如图3-5-74所示。

　　在图层样式中有10个样式效果可以添加，每种效果根据参数的改变也可以出现更多的特效。当添加图层样

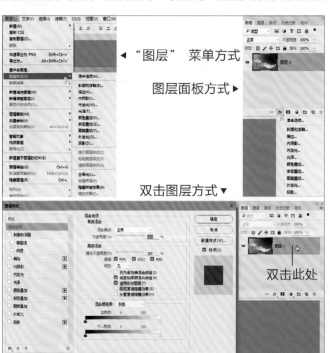

图3-5-74

式需要设置参数时，不能只在对应的图层样式前面打对勾，需要点击效果名称才能进入到编辑界面。

1. 斜面和浮雕

　　斜面和浮雕样式是对图层内容添加类似现实中浮雕效果的立体感，其立体效果是根据明暗变化而产生的，如图3-5-75所示。

图3-5-75

斜面和浮雕样式参数解释如下:

外斜面:沿图层对象、文本或形状的外边缘创建三维斜面。

内斜面:沿图层对象、文本或形状的内边缘创建三维斜面。

浮雕效果:创建外斜面和内斜面的组合效果。

枕状浮雕:创建内斜面的反相效果,其中对象、文本或形状看起来是下沉的效果。

描边浮雕:只适用于描边对象,即在应用描边浮雕效果时才打开描边效果。

2. 描边

描边就是使用颜色、渐变颜色或图案描绘当前图层上的对象、文本或形状的轮廓,使轮廓上出现相应的边缘,此种边缘可以设置颜色、不透明度、位置及宽度,如图3-5-76所示。

图3-5-76

对于参数设定要根据实际需求进行设定，具体的参数设定含义可以参考图3-5-77所示。

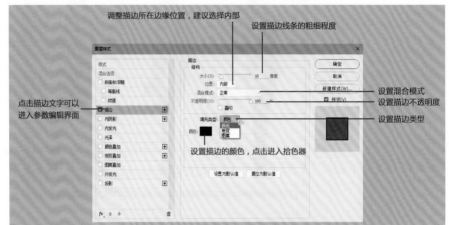

图3-5-77

3. 内阴影

内阴影就是在图层对象、文本或形状的内边缘添加阴影，使图层产生一种凹陷效果，内阴影效果对文本对象效果更佳，如图3-5-78所示。内阴影效果可以用在图像层次调整上，可以对图像四周进行压暗处理。

4. 内发光

内发光是对图层对象、文本或形状的边缘向内添加发光效果，内发光的效果与内阴影的效果正好相反，其参数设置基本一致，如图3-5-79所示。

图3-5-78

图3-5-79

图3-5-80

5. 光泽

光泽会将图层对象内部应用阴影，与对象的形状互相作用，通常用于创建规则的波浪形状，产生光滑的磨光及金属效果，如图3-5-80所示。

6. 颜色叠加

颜色叠加将在图层对象上叠加一种颜色，即用一层纯色填充到应用样式的对象上。点击"设置叠加颜色"按钮后可以通过"选取叠加颜色"对话框选择任意颜色，其实效果就相当于新建图层并填充颜色，也可以更改叠加颜色的不透明度，如图3-5-81所示。

图3-5-81

7. 渐变叠加

渐变叠加将在图层对象上叠加一种渐变颜色，即用一层渐变颜色填充到应用样式的对象上，其中可以修改渐变样式、角度、缩放及不透明度。通过渐变编辑器还可以选择使用其他的渐变颜色，如图3-5-82所示。

图3-5-82

8. 图案叠加

图案叠加将在图层对象上叠加图案，即用一致的重复图案填充对象，也可以修改其不透明度及缩放。从图案拾色器还可以选择其他的图案，也可以使用自定义图案，如图3-5-83所示。

9. 外发光

外发光将从图层对象、文本或形状的边缘向外添加发光效果。设置参数可以使图层对象、文本或形状更精美，其效果作用的位置与内发光相反，如图3-5-84所示。

10. 投影

投影将为图层上的图层对象、文本或形状添加阴影效果，可以增加空间与距离感，投影参数由混合模式、不透明度、角度、距离、扩展和大小等选项组成，通过对这些选项的设置可以得到需要的效果，如图3-5-85所示。

图3-5-83

图3-5-84

图3-5-85

以上为Photoshop软件中的10种图层样式，每种图层样式都有其个性的效果，这些效果可以单独使用也可以搭配使用，使图像可以更加绚丽多彩，可以用于图像及文字，可以用于排版及合成，接下来就结合一个实例来展示一下图层样式的神奇之处。

（1）打开Photoshop软件，按快捷键Ctrl+N新建画布，这里设置为1024像素×768像素，分辨率72像素／英寸，如图3-5-86所示。

（2）打开素材（见图3-5-87），并且将里面的图案拖曳到新建的画布中，适当缩放大小。

（3）选中背景图层，并且在工具栏中选择渐变工具，从属性栏进入渐变编辑器。将渐变设置成灰色到深灰的渐变，如图3-5-88所示。

图3-5-86

图3-5-87

图3-5-88

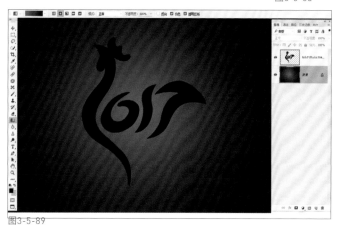

图3-5-89

（4）选择径向渐变，从中间向四周做渐变，渐变后的效果如图3-5-89所示。

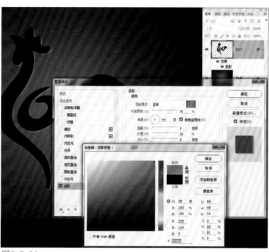

图3-5-90

（5）为了以后方便选择图层，此时可以在图案图层的名称处双击，修改图层名称为2017，然后双击该图层多功能区域打开图层样式，点击"投影"选项。将投影混合模式调整为正常，颜色选择为橙色，不透明度设置为70%，距离等参数参考图3-5-90，设置完成后先不要确定。

（6）点击"斜面和浮雕效果"选项，设置为外斜面、雕刻清晰。其他参数参考图3-5-91。下面的高光模式颜色需要更改，点击色块进入拾色器，选择一个金黄色效果。

图3-5-91

（7）此时可以确定图层样式了，确定后将该图层的填充修改为0%，可以看到图案效果只有边缘显示出来，如图3-5-92所示。

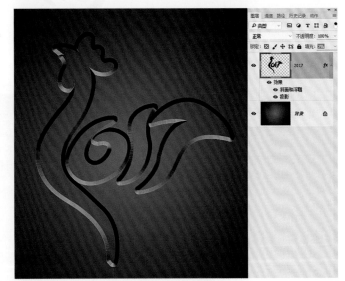

图3-5-92

（8）打开素材（见图3-5-93），在软件的"编辑"菜单下选择"定义图案"命令，将素材以图案形式定义到软件中备用，如图3-5-94所示。

图3-5-93

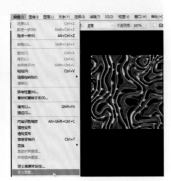

图3-5-94

（9）将"2017"图层进行复制，得到"2017拷贝"图层，在图层多功能区域单击鼠标右键，从弹出的下拉菜单中选择"清除图层样式"，如图3-5-95所示。

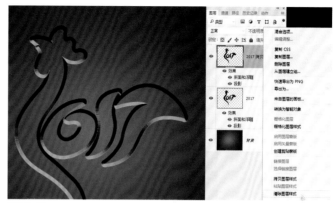

图3-5-95

（10）清除"2017拷贝"图层的图层样式后双击该图层的多功能区域，再次打开"图层样式"对话框，点击"投影效果"选项，投影设置为正片叠底，不透明度为75%，其他参数设置如图3-5-96所示，设置完成后先不要确定。

（11）接着点击"斜面和浮雕效果"选项，设置为内斜面、平滑。其他参数如图3-5-97所示。此处需要重点介绍的是阴影中的光色等高线的设定，点击等高线图标进入等高线编辑器，此处类似于曲线的操作，可以自行加点，调整等高线的形状，可以参考图3-5-97中的形状进行设定。

图3-5-96

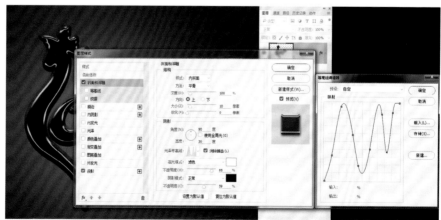

图3-5-97

（12）选择等高线效果，并且在等高线编辑器中编辑此处的等高线形状，设置其范围为25%，如图3-5-98所示。

图3-5-98

（13）选择光泽效果，设置图层混合模式为叠加，颜色为浅灰色，其他参数设置如图3-5-99所示。此效果中依然有等高线的设置，参考图3-5-99。

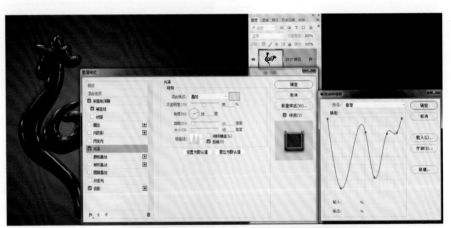

图3-5-99

（14）选择颜色叠加效果，设置图层混合模式为颜色模式，将色彩设置为淡黄色，如图3-5-100所示。

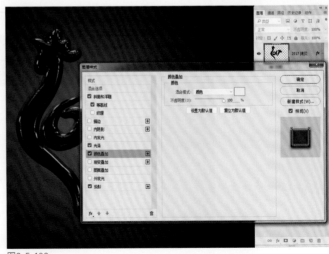

图3-5-100

（15）选择颜色叠加效果，设置图层混合模式为正常，在下面的图案选择中找到前面定义好的图案，适当调整缩放，如图3-5-101所示，设置完成后可以确定了。

图3-5-101

（16）将刚才设置好的图层再次复制，生成"2017拷贝2图层"，清除此图层的图层样式，如图3-5-102所示。

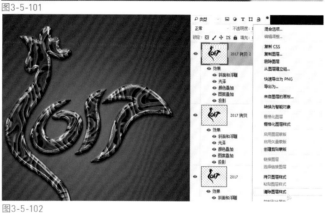

图3-5-102

（17）再次双击图层多功能区域进入"图层样式"对话框，选择斜面和浮雕效果，设置为外斜面、平滑。参数设置和等高线、色彩设定如图3-5-103所示。此处可以直接选择等高线对应形状，不需要自己编辑，可以点击等高线右侧的向下箭头后进行选择。

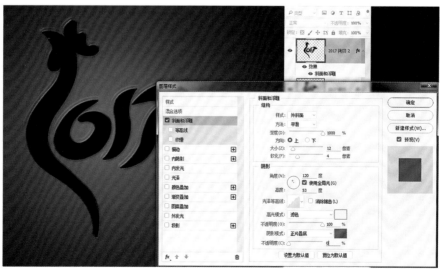

图3-5-103

（18）选择等高线效果，此处更改等高线也不需要自己设定，可以直接选择，如图3-5-104所示。

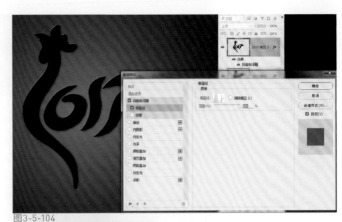

图3-5-104

（19）确定后修改"2017拷贝2"图层的填充数值为0%，此时就可以看到大概效果了，如图3-5-105所示。

图3-5-105

（20）再次复制两个图层，得到"2017拷贝3"图层和"2017拷贝4"图层，清除"2017拷贝4"图层的图层样式，如图3-5-106所示。

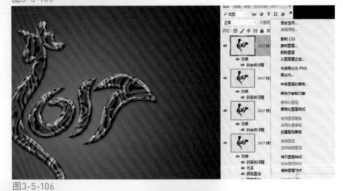

图3-5-106

（21）双击"2017拷贝4"图层的多功能区域，打开"图层样式"对话框，选中投影效果，设置混合模式为正片叠底，颜色为黑色，其他参数设定如图3-5-107所示。

图3-5-107

（22）选中内阴影效果，参数设定如图3-5-108所示。

图3-5-108

（23）选中斜面和浮雕，调整为枕状浮雕和雕刻清晰，其他参数如图3-5-109所示。

图3-5-109

（24）选中等高线效果，选择拱形等高线，如图3-5-110所示。

图3-5-110

（25）选中描边效果，设置描边大小为8像素，位置居中，混合模式为正常。此效果中将填充类型修改为渐变，进入渐变编辑器，设置渐变颜色，如图3-5-111所示。

图3-5-111

（26）确定后修改该图层的填充为0%，此时效果基本就可以了，如图3-5-112所示。

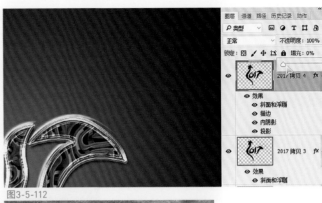

图3-5-112

（27）打开纹理素材（见图3-5-113），将素材拖曳到刚才的文件中移动到从下数的第二层，设置其图层不透明度为40%左右，这样可以显示出开始渐变的底色，如图3-5-114所示。

图3-5-113

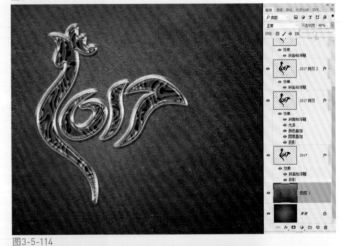

图3-5-114

（28）到此效果基本差不多了，适当调整一下颜色就可以了。利用快捷键 Ctrl+Alt+Shift+E 盖印图层，得到"图层2"图层，如图3-5-115所示。

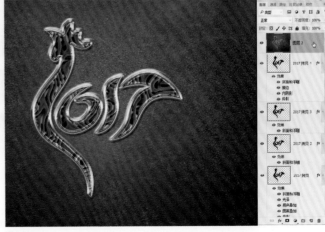

图3-5-115

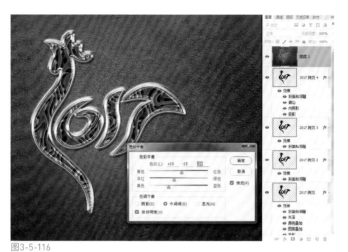

图3-5-116

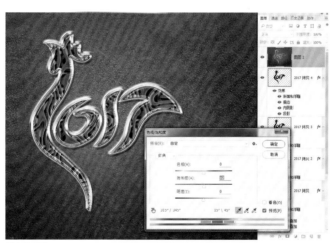

图3-5-117

图3-5-118

（29）执行"图像|调整|色彩平衡"菜单命令，适当调整一下颜色，如图3-5-116所示。

（30）执行"图像|调整|色相/饱和度"菜单命令，增加一些饱和度，如图3-5-117所示。

（31）终于大功告成，金属质感的效果出现了，如图3-5-118所示。

虽然此实例步骤烦琐，但几乎将常用的图层样式都包括进去了，大家多练习几次可以对图层样式的操作及设置有一定的了解。有关图层样式的内容就讲解到这里，大家也可以自己尝试制作一些简单的效果。

3.5.5 摄影后期中常用图层混合模式解析

虽然图层混合模式在Photoshop中所占比例不是很多，但是所起到的作用非常可观。调色、修图、合成、排版都会应用到混合模式。混合模式有一些内容理解起来比较吃力，但是只要大家认真、仔细学习就可以掌握这些内容。下面主要介绍的就是摄影后期中最常使用的一些图层混合模式，其余混合模式会适当介绍。摄影后期领域使用得并不多，最常用的包括正片叠底、绿色、叠加、柔光、颜色。

图层混合模式决定当前图层中的像素与其下面图层中的像素以何种模式进行混合，称为图层模式。图层混合模式是Photoshop中最核心的功能之一，也是在图像处理中最为常用的一种技术手段。使用图层混合模式可以创建各种图层特效，实现充满创意的摄影作品、平面设计作品。Photoshop中有27种图层混合模式，每种模式都有其各自的运算方式。因此，对同样的两幅图像设置不同的图层混合模式，得到的图像效果也是不同的。根据各混合模式的基本功能，大致分为6类，如图3-5-119所示。

基础型：是利用图层的不透明度及图层填充值来控制下一图层的图像显示效果，最终达到与下一图层融合在一起。

压暗型：通过滤除上一图层中的亮调图像，从而达到使图像变暗的效果。

提亮型：此类型的混合模式和压暗型的混合模式是反其道而行之，它通过过滤上一图层的暗调图像，最终使图像达到提亮效果。

图3-5-119

融合型：通过不同程度的过滤达到上一图层与下一图层的融合效果，合成中使用此种模式较多。

色异型：可以通过上一图层与下一图层的混合达到各种的另类或反色效果。

蒙色型：主要利用上一图层的颜色信息，不同程度的反应到下方图层，可以运用到色彩的晕染及上色。

不同种类的混合模式有不同的作用，其应用领域也有所不同。不过即使是相同种类中的不同模式也会有所不同，下面就来讲解每种混合模式。

1. 混合模式

在讲述图层混合模式之前，先学习3个术语：基色、混合色和结果色，如图3-5-120所示。

图3-5-120

基色：是图像中的原稿颜色，也就是利用混合模式选项时两个图层中下面的那个图层。

混合色：是通过绘画或编辑工具应用的颜色，也就是利用图层混合模式选项时两个图层中上面的那个图层。

结果色：利用混合模式得到的颜色，是最后的效果颜色，也就是图像视图中所看到的效果。

（1）正常模式

在正常模式下，混合色的显示与不透明度的设置有关。当不透明度为100%，也就是完全不透明时，结果色的像素将完全由所用的混合色代替；当不透明度小于100%时，混合色的像素会透过所用的颜色显示出来，显示的程度取决于不透明度的设置与基色的颜色，3-5-121所示是将不透明度设为70%后的效果。如果在处理位图颜色模式图像或索引颜色模式图像时，正常模式就改称为阈值模式了，不过功能是一样的。

图3-5-121

（2）溶解模式

　　在溶解模式中，主要是在编辑或绘制每个像素时，使其成为结果色。但是，根据任何像素位置的不透明度，结果色由基色或混合色的像素随机替换。因此，溶解模式最好是与Photoshop中的一些着色工具一同使用效果比较好，如画笔、仿制图章工具、橡皮工具等，也可以使用文字工具。当混合色没有羽化边缘，而且具有一定的透明度时，混合色将融入基色内。如果混合色没有羽化边缘，并且不透明度为100%，那么溶解模式不起

　　任何作用。3-5-122所示是将混合色的不透明度设为90%后产生的效果。

图3-5-122

　　如果是用画笔工具或文字工具创建的混合色，同基色交替，就可以创建一种类似扩散抖动的效果，如图3-5-123所示。

图3-5-123

　　如果以小于或等于50%的不透明度描画一条路径，然后利用"描边路径"命令，溶解模式可以在图像边缘周围创建一种泼溅的效果，如图3-5-124所示。

图3-5-124

溶解模式还可以制作模拟破损纸张的边缘的效果等。如果利用橡皮工具，可以在一幅图像上方创建一个新的图层，并填充相应颜色作为混合色。然后在溶解模式中，用橡皮工具擦除，可以创建类似于扩散或消散的效果，如图3-5-125所示。

图3-5-125

（3）变暗模式

在变暗模式中，查看每个通道中的颜色信息，并选择基色或混合色中较暗的颜色作为结果色。比混合色亮的像素被替换，比混合色暗的像素保持不变。变暗模式将导致从结果色中去掉比背景颜色更淡的颜色，如图3-5-126所示，可以看到，混合色中的亮色并没有起到作用，而暗色部分使画面发生了变化。

图3-5-126

（4）正片叠底模式

在正片叠底模式中，查看每个通道中的颜色信息，并将基色与混合色复合。结果色总是较暗的颜色。也可以理解为该模式对纯白色进行完全过滤，对纯黑色完全保留。任何颜色与黑色混合将产生黑色，任何颜色与白色混合将保持不变。此种模式通常用于对图像曝光过度的调整，如图3-5-127所示。

图3-5-127

利用正片叠底模式可以形成一种光线穿透图层的幻灯片效果。其实就是将基色颜色与混合色颜色的数值相乘，然后再除以255，便得到了结果色的颜色值。红色与黄色的结果色是橙色，红色与绿色的结果色是褐色，红色与蓝色的结果色是紫色，等等。

(5) 颜色加深模式

在颜色加深模式中，查看每个通道中的颜色信息，并通过增加对比度使基色变暗以反映混合色，如果与白色混合将不会产生变化，如图3-5-128所示，可以看到画面中的结果色变得厚重并且对比度增强，如果照片曝光过度且对比度比较弱，可以采取此种混合模式进行校准。

图3-5-128

(6) 线性加深模式

在线性加深模式中，查看每个通道中的颜色信息，并通过减小亮度使基色变暗以反映混合色。如果混合色与基色上的白色混合，将不会产生变化，此种混合模式可以令图像色彩变得均匀、浑厚，可以减少画面中高光过强的效果，如图3-5-129所示。

图3-5-129

(7)深色模式

深色混合模式比较好理解，他是通过计算混合色与基色的所有通道的数值，然后选择数值较小的作为结果色。因此结果色只与混合色或基色相同，不过会产生出另外的颜色。白色与基色混合色得到基色，黑色与基色混合得到黑色。深色模式中，混合色与基色的数值是固定的，颠倒位置后，混合色出来的结果色是没有变化的，如图3-5-130所示。

图3-5-130

(8)变亮模式

在变亮模式中，查看每个通道中的颜色信息，并选择基色或混合色中较亮的颜色作为结果色。比混合色暗的像素被替换，比混合色亮的像素保持不变。在这种与变暗模式相反的模式下，较淡的颜色区域在最终的合成色中占主要地位，较暗区域并不出现在最终结合成色中，如图3-5-131所示。

图3-5-131

(9)滤色模式

滤色模式与正片叠底模式正好相反，它将图像的基色颜色与混合色颜色结合起来产生比两种颜色都浅的第3种颜色，如图3-5-132所示。

滤色就是将混合色的互补色与基色复合，结果色总是较亮的颜色。用

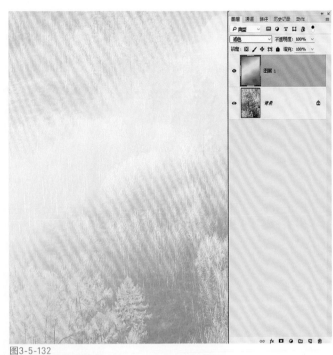

图3-5-132

黑色过滤时颜色保持不变，用白色过滤将产生白色。无论是在滤色模式下用着色工具采用一种颜色，还是对滤色模式指定一个层，合并的结果色始终是相同的合成颜色或一种更淡的颜色。此种模式经常应用到照片曝光不足的调整和透明白纱材质的抠图。

(10)颜色减淡模式

在颜色减淡模式中，查看每个通道中的颜色信息，并通过减小对比度使基色变亮以反映混合色，与黑色混合则不发生变化。除了指定在这个模式的层上边缘区域更尖锐，即在这个模式下着色的区域之外，颜色减淡模式类似于滤色模式创建的效果，如图3-5-133所示。另外，不管何时定义颜色减淡模式将混合色与基色像素混合，基色上的暗区域都将会消失。

图3-5-133

(11)线性减淡模式

在线性减淡模式中，查看每个通道中的颜色信息，并通过增加亮度使基色变亮以反映混合色，如图3-5-134所示。但是不要与黑色混合，那样是不会发生变化的。

图3-5-134

(12)浅色模式

浅色模式是通过计算混合色与基色所有通道的数值总和，哪个数值大就选为结果色。因此结果色只能在混合色与基色中选择，不会产生第3种颜色，与深色模式刚好相反，如图3-5-135所示。

图3-5-135

(13)叠加模式

叠加模式将图像的基色颜色与混合色颜色相混合产生一种中间色，基色内颜色比混合色颜色暗的颜色使混合色颜色倍增，比混合色颜色亮的颜色将使混合色颜色被遮盖，而图像内的高亮部分和阴影部分保持不变，因此对黑色或白色像素着色时叠加模式不起作用。叠加模式以一种非艺术逻辑的方式将放置或应用到一个层上的颜色与背景色进行混合。然而却能得到有趣的效果。背景图像中的纯黑色或纯白色区域无法在叠加模式下显示层上的叠加着色或图像区域。背景区域上落在黑色和白色之间的亮度值同叠加材料的颜色混合在一起,产生最终的合成颜色。其实可以一句话理解叠加模式:该模式是将正片叠底与滤色两种模式结合在一起,但是不做过滤处理,最终效果是增加对比度,如图3-5-136所示。

图3-5-136

(14) 柔光模式

柔光模式会产生一种柔光照射的效果。如果混合色颜色比基色颜色的像素更亮一些,那么结果色将更亮。如果混合色颜色比基色颜色的像素更暗一些,那么结果色颜色将更暗,使图像的亮度反差增大。其实使颜色变亮或变暗,具体取决于混合色。此效果与发散的聚光灯照在图像上相似。如果混合色比50%灰色亮,则图像变亮,就像被减淡了一样。如果混合色比50%灰色暗,则图像变暗,就像被加深了一样。用纯黑色或纯白色混合会产生明显较暗或较亮的区域,但不会产生纯黑色或纯白色,如图3-5-137所示。

(15) 强光模式

强光模式将产生一种强光照射的效果。如果混合色颜色比基色颜色的像素更亮一些,那么结果色颜色将更亮。如果

图3-5-137

混合色颜色比基色颜色的像素更暗一些,那么结果色将更暗。除了根据背景中的颜色而使背景色是多重的或屏蔽的之外,这种模式实质上同柔光模式是一样的。它的效果要

比柔光模式更强烈一些，同叠加一样，如果混合色比50%灰色亮，则图像变亮，就像过滤后的效果。这对于向图像中添加高光非常有用。如果混合色比50%灰色暗，则图像变暗，这对于向图像添加暗调非常有用。用纯黑色混合会产生纯黑色，用纯白色混合会产生纯白色，如图3-5-138所示。

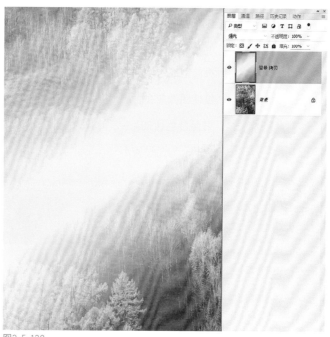

图3-5-138

(16) 亮光模式

通过增加或减小对比度来加深或减淡颜色，具体取决于混合色。如果混合色比50%灰色亮，则通过减小对比度使图像变亮。如果混合色比50%灰色暗，则通过增加对比度使图像变暗，如图3-5-139所示。

图3-5-139

(17)线性光模式

通过减小或增加亮度来加深或减淡颜色，具体取决于混合色。如果混合色比50%灰色亮，则通过增加亮度使图像变亮。如果混合色比50%灰色暗，则通过减小亮度使图像变暗，如图3-5-140所示。

图3-5-140

(18)点光模式

点光模式就是替换颜色，具体操作取决于混合色。如果"混合色"比50%灰色亮，则替换比混合色暗的像素，而不改变比混合色亮的像素。如果混合色比50%灰色暗，则替换比混合色亮的像素，而不改变比混合色暗的像素。这对于向图像添加特殊效果非常有用，如图3-5-141所示。

图3-5-141

(19)实色混合模式

实色混合是将混合色颜色中的红、绿、蓝通道数值添加到基色的RGB值中。结果色的R、G、B通道的数值只能是255或0。因此结果色只有以下8种可能：红、绿、蓝、黄、青、洋红、白、黑。由此可以看出结果色是非常纯的颜色，如图3-5-142所示。

图3-5-142

(20)差值模式

在差值模式中，查看每个通道中的颜色信息，差值模式是将从图像中基色颜色的亮度值减去混合色颜色的亮度值，如果结果为负，则取正值，产生反相效果。由于黑色的亮度值为0，白色的亮度值为255，因此用黑色着色不会产生任何影响，用白色着色则产生被着色的原始像素颜色的反相。差值模式创建背景颜色的相反色彩。例如，在差值模式下，将蓝色应用到绿色背景中时会产生一种青/绿组合色。差值模式适用于模拟原始设计的底片，特别是可用来在其背景颜色从一个区域到另一区域发生变化的图像中生成突出效果，如图3-5-143所示。

图3-5-143

(21)排除模式

　　排除模式与差值模式相似，但是具有高对比度和低饱和度的特点。比用差值模式获得的颜色要柔和、更明亮一些。建议在处理图像时首先选择差值模式，若效果不够理想，可以选择排除模式来试试。其中与白色混合将反转基色值，而与黑色混合则不发生变化。其实无论是差值模式还是排除模式都能使人物或自然景色图像产生更真实、更吸引人的图像合成，如图3-5-144所示。

图3-5-144

(22)减去模式

　　减去模式指的是查看各通道的颜色信息，并从基色中减去混合色。如果出现负数就剪切为零。与基色相同的颜色混合得到黑色，白色与基色混合得到黑色，黑色与基色混合得到基色，如图3-5-145所示。

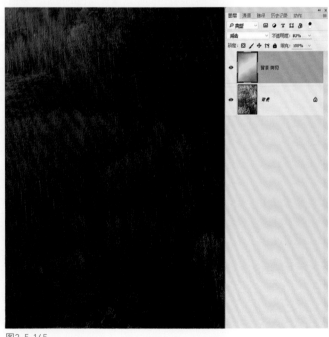

图3-5-145

（23）划分模式

划分模式是指查看每个通道的颜色信息，并用基色分割混合色。基色数值大于或等于混合色数值，混合出的颜色为白色。基色数值小于混合色，结果色比基色更暗。因此结果色对比非常强。白色与基色混合得到基色，黑色与基色混合得到白色，如图3-5-146所示。

图3-5-146

（24）色相模式

色相模式只用混合色颜色的色相值进行着色，而使饱和度和亮度值保持不变。当基色颜色与混合色颜色的色相值不同时，才能使用混合颜色进行着色，如图3-5-147所示。但是要注意的是色相模式不能用于灰度模式的图像。

图3-5-147

(25)饱和度模式

饱和度模式的作用方式与色相模式相似，他只用混合色颜色的饱和度值进行着色，而使色相值和亮度值保持不变。当基色颜色与混合色颜色的饱和度值不同时，才能使用描绘颜色进行着色处理，如图3-5-148所示。在无饱和度的区域上（也就是灰色区域中）用饱和度模式是不会产生任何效果的。

图3-5-148

(26)颜色模式

颜色模式能够使用混合色颜色的饱和度值和色相值同时进行着色，而使基色颜色的亮度值保持不变。颜色模式可以看成是饱和度模式和色相模式的综合效果。该模式能够使灰色图像的阴影或轮廓透过着色的颜色显示出来，产生某种色彩化的效果。这样可以保留图像中的灰阶，并且对于给单色图像上色和给彩色图像着色都会非常有用，如图3-5-149所示。

图3-5-149

（27）亮度模式

亮度模式能够使用混合色颜色的亮度值进行着色，而保持基色颜色的饱和度和色相数值不变。其实就是用基色中的色相、饱和度及混合色的亮度创建结果色。此模式创建的效果是与颜色模式创建的效果相反，如图3-5-150所示。

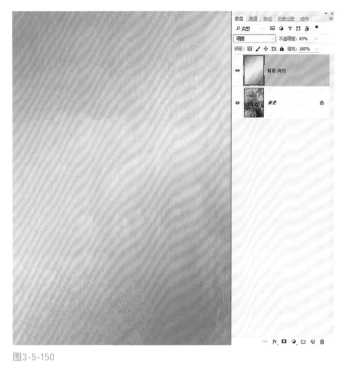

图3-5-150

这27种图层混合模式并非每一种都会应用到摄影后期，但是希望大家还是将每一种都进行了解。接下来从这些混合模式中挑选出几个常用的混合模式，以实例的形式给大家介绍一下图层混合模式是如何在后期中运用的。

2. 利用图层混合模式调整曝光不足的图像

混合模式处理曝光不足的图像主要是应用了提亮类中的选项，通过这些混合模式能够将画面过暗的图像细节提出来，而且提亮过程中可以通过蒙版或橡皮工具控制局部。

（1）启动Photoshop软件，将需要调整曝光的照片（见图3-5-151）打开。

图3-5-151

（2）照片打开后可以看到整个画面的曝光显得很暗、很沉重，这样的图像是必须要调整的。利用混合模式调整很简单，首先将原始图层进行复制，这里使用的是按快捷键Ctrl+J，如图3-5-152所示。

图3-5-152

（3）复制后生成"图层1"图层，此时可以去更改"图层1"图层1的图层混合模式，打开混合模式下拉菜单后选择滤色混合模式，此时可以看到画面效果有一定程度提亮，如图3-5-153所示。

图3-5-153

（4）如果效果合适了就可以去调整其他项目了，如果不合适可以继续将刚才更改过图层混合模式的"图层1"图层复制，生成"图层1拷贝"图层，此时会发现图像效果又有一定程度的提亮，如图3-5-154所示。

图3-5-154

（5）照片的曝光效果还是不太好，接着复制图层，生成"图层1拷贝2"图层，会发现画面越来越亮了，不过随之而来的问题是对比度有些欠缺，如图3-5-155所示。

图3-5-155

（6）再次复制图层得到"图层1拷贝3"图层，并且修改此图层的图层混合模式为颜色减淡，对比度提高了，如图3-5-156所示。

图3-5-156

（7）在使用了颜色减淡的同时，天空中一部分云产生了曝光过度的效果，这是颜色减淡产生的问题。不过不要着急，给此图层添加图层蒙版，在工具栏中设置前景色为纯黑色，选择画笔工具，如图3-5-157所示。

图3-5-157

（8）在属性栏中将画笔不透明度设置为50%左右，放大笔圈，在蒙版中擦除曝光过度的云，擦除时要保证过渡均匀，如图3-5-158所示。

图3-5-158

（9）现在画面的效果几乎达到正常的效果了，使用快捷键Ctrl+Shift+Alt+E进行盖印图层生成"图层2"图层，如图3-5-159所示。

（10）选中"图层2"图层，执行"图像|调整|曲线"菜单命令，适当利用曲线再调整一下明暗及对比的细节，如图3-5-160所示。

图3-5-159

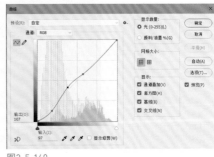

图3-5-160

（11）接着执行"图像|调整|色相饱和度"菜单命令，调整一下画面中色彩的饱和度，如图3-5-161所示。

（12）细节的色彩倾向也需要调整，执行"图像|调整|色彩平衡"菜单命令，分别对中间调、阴影、高光进行相应调整，其主要目的就是使画面有一种舒服的色调，大家可以根据自己对色调的理解及喜好进行调整，笔者的调整如图3-5-162、图3-5-163和图3-5-164所示。

图3-5-161

图3-5-162

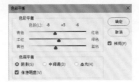

图3-5-163

图3-5-164

（13）现在山体部分的颜色还是有点重，利用快速蒙版做个选区。进入快速蒙版，利用画笔将颜色较重的部分涂抹，记得一定要均匀过渡，如图3-5-165所示。

图3-5-165

（14）退出快速蒙版，得到选区，快捷键Ctrl+J将选区部分进行复制，得到"图层3"图层，如图3-5-166所示。

图3-5-166

（15）修改"图层3"图层的图层混合模式为滤色模式，这部分颜色重的区域就变得亮起来了，如图3-5-167所示。

图3-5-167

（16）将"图层3"图层的不透明度调整一下，这里调整为30%，如图3-5-168所示。

（17）本实例到此结束，最后的效果如图3-5-169所示。

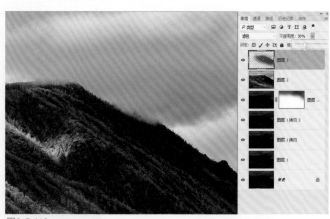

图3-5-168

图3-5-169

3. 利用混合模式调整曝光过度图像

混合模式调整曝光过度的图像所应用的主要是压暗类模式里面的正片叠底和颜色加深，这些模式都具有给图像压暗的效果，当然在应用中应该灵活使用，也可以适当结合一些其他方式。

（1）打开需要处理曝光问题的照片（见图3-5-170），可以看到照片过度曝光，很多细节也没有了。

图3-5-170

（2）拖动背景图层到"新建图层"按钮进行复制，得到"背景拷贝"图层，如图3-5-171所示。

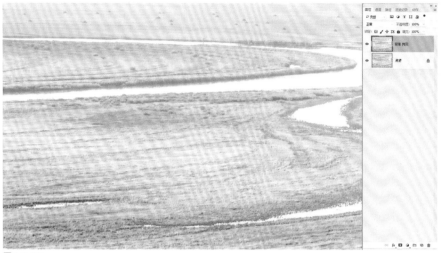

图3-5-171

（3）修改"背景拷贝"图层的图层混合模式为正片叠底，此时可以看到照片有一定程度的压暗效果，如图3-5-172所示。

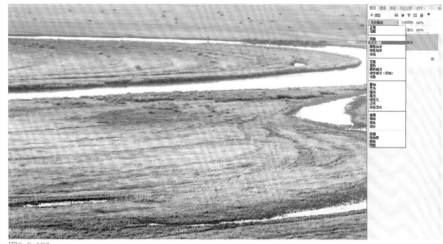

图3-5-172

（4）由于一次压暗效果并不理想，此时可以继续进行复制，生成"背景拷贝2"图层，这个图层应该也保持混合模式为正片叠底，如图3-5-173所示。

图3-5-173

（5）接下来适当处理一下画面对比，再次复制图层得到"背景拷贝3"图层，修改此图层的图层混合模式为颜色加深，此时看到的效果已经接近预期效果了，如图3-5-174所示。

图3-5-174

（6）盖印图层，利用曲线再做一些微调，主要是调整一下最暗的地方和整体的明度，记住要微调，如图3-5-175所示。

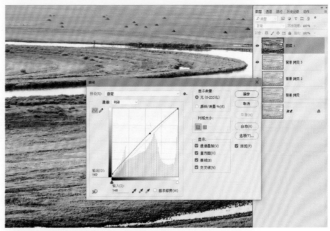

图3-5-175

（7）最后利用"色相/饱和度"命令将画面的色彩纯度适当调整，此处采用了增加饱和度的方式，如图3-5-176所示。

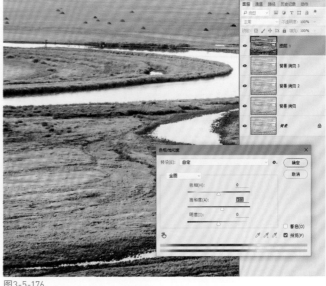

图3-5-176

(8) 经过几步的调整可以看到曝光过度的问题解决了，如图3-5-177所示。

图3-5-177

4. 利用图层混合模式调整低对比图像

利用图层混合模式调整对比度其实就是利用叠加，或结合压暗及提亮的方式综合性处理曝光及对比，最终使照片的清晰度及细节都能完美展示。

(1) 打开需要调整的照片（图3-5-178），照片中可以明显看出层次不清晰，带有一片雾蒙蒙的效果。

(2) 直接复制图层，利用快捷键Ctrl+J复制生成"图层1"图层，如图3-5-179所示。

图3-5-178

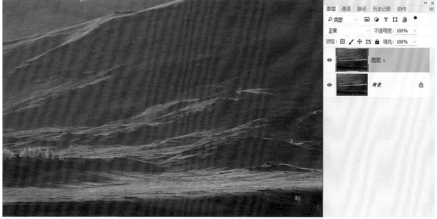

图3-5-179

（3）选中"图层1"图层修改其图层混合模式为叠加模式，可以看到图像的层次变得清晰起来，如图3-5-180所示。

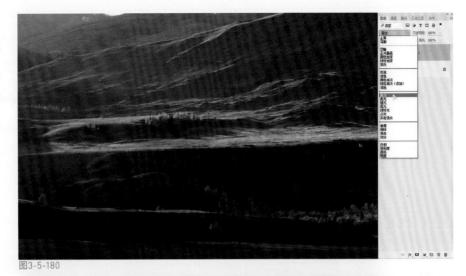

图3-5-180

（4）叠加后出现了画面偏暗的问题，再次复制图层，得到"图层1拷贝"图层，修改其图层混合模式为滤色，这样可以使图像提亮，如图3-5-181所示。

图3-5-181

（5）将图层混合模式改为滤色后效果太明显，此时可以调整一下图层的不透明度，自己掌控不透明度程度，如图3-5-182所示。

（6）盖印图层，生成"图层2"图层，并且修改图层混合模式为滤色，再次调整不透明度，如图3-5-183所示。

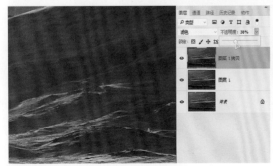

图3-5-182

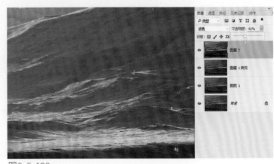

图3-5-183

（7）再次盖印图层，生成"图层3"图层，修改"图层3"图层的图层混合模式为叠加，再次增加明暗对比，如果效果强烈，可以适当调整不透明度，如图3-5-184所示。

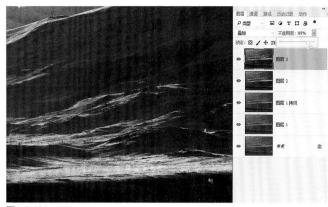

图3-5-184

（8）叠加后该图层中下方的颜色比较重，此时可以添加图层蒙版，利用黑色画笔将下方颜色比较重的部分擦除，如图3-5-185所示。

图3-5-185

（9）第3次盖印图层，生成"图层4"图层，此时可以使用"调色"命令进行一些微调，打开曲线，适当调整一下明度，如图3-5-186所示。

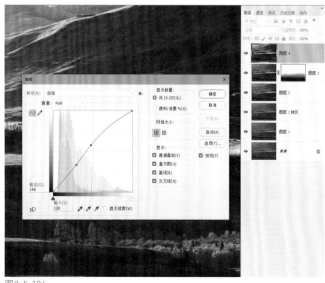

图3-5-186

（10）利用"色相/饱和度"命令增加一些图像色彩的鲜艳程度，如图3-5-187所示。

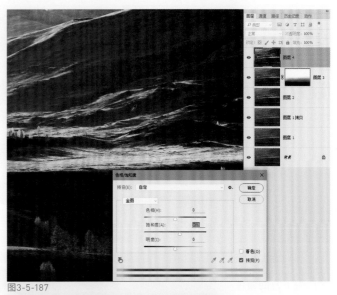

图3-5-187

（11）最后利用色彩平衡调整一下色彩的倾向，根据自己的喜好调整即可，如图3-5-188所示。

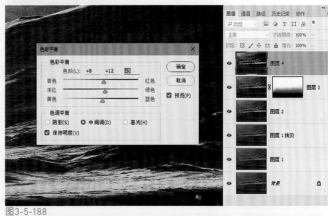

图3-5-188

（12）到此对比度调整结束，最后的效果如图3-5-189所示。

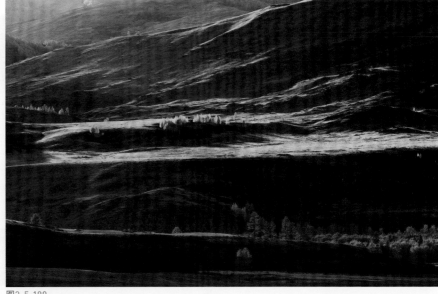

图3-5-189

5. 利用图层混合模式给单色照片上色

单色照片上色主要是运用图层混合模式中的颜色模式结合画笔、蒙版，上色过程中依赖颜色模式对图像上色，因此需要注意的是每一个上色图层的图层混合模式保持为颜色模式。

（1）启动软件后打开需要上色的黑白照片（见图3-5-190），记住可以先用调整明暗的命令将画面的细节层次调整丰富一些，明度最好不要太高。

图3-5-190

（2）新建"图层1"图层，在工具栏中的前景色拾色器中选择一个接近肤色的颜色，此时选择的颜色只是暂时性的，后面还需要进行调整，所以只需要大概选择即可，如图3-5-191所示。

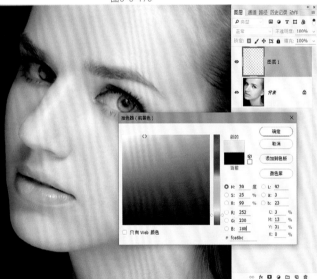

图3-5-191

（3）在"编辑"菜单下打开"填充"命令，选择前景色填充，如图3-5-192所示。

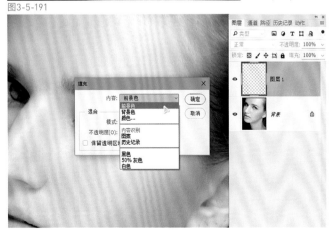

图3-5-192

（4）填充完成后将"图层1"图层的图层混合模式修改为颜色模式，此时可以看到整个画面从黑白效果变成了单色效果，如图3-5-193所示。

图3-5-193

（5）为了后面容易区分出每一个图层，建议将"图层1"图层的名称修改一下。双击图层名称部分，命名为皮肤颜色，如图3-5-194所示。

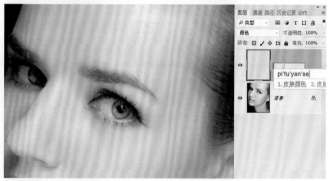

图3-5-194

（6）再次新建图层，并修改图层名称为唇彩，此图层用于嘴唇的上色，如图3-5-195所示。

（7）再次进入前景色拾色器，选择一个接近唇彩的颜色，这里选择了红色与洋红色之间的一个色彩，此色彩也是暂时性的，很有可能后面还会进行调整，如图3-5-196所示。

图3-5-195

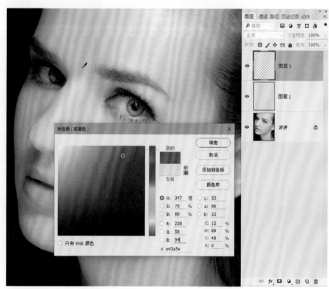

图3-5-196

（8）在工具栏中选择画笔工具，设置画笔工具的笔头为柔边缘画笔，不透明度为100%（必须保证100%的不透明度），适当缩放笔圈大小，利用所选择的颜色在新建的唇彩图层上将涂抹嘴唇部分，如图3-5-197所示。

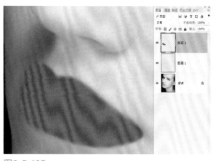

图3-5-197

（9）涂抹完成后将"唇彩"图层的图层混合模式调整为颜色模式，此时嘴唇就透亮了，具有时尚的效果，如图3-5-198所示。

（10）如果涂抹时不仔细，有部分边缘涂到了嘴唇之外，可以利用蒙版结合画笔进行擦除。擦除时应尽量使用画笔边缘，要轻轻地擦除，如图3-5-199所示。

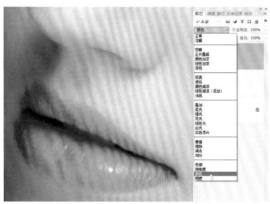

图3-5-198

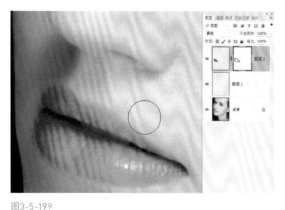

图3-5-199

（11）新建图层并命名为眼影，前景色选择一个自己喜欢的眼影色，这里选择了金色，如图3-5-200所示。

（12）利用画笔将选好的色彩在画面中眼影的部分涂抹，弄清楚涂抹区域（最好先了解一下化妆知识），如图3-5-201所示。

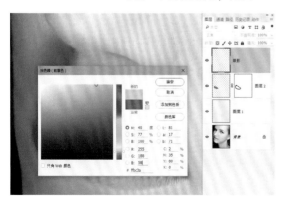

图3-5-200

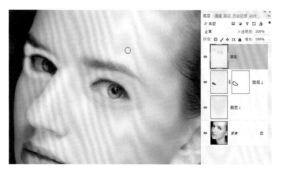

图3-5-201

（13）涂抹完成后为了使眼影边缘融合到肤色里，执行"滤镜|模糊|高斯模糊"菜单命令，调整半径数值时可以观察画面变化，只要边缘能够融合进肤色即可，如图3-5-202所示。

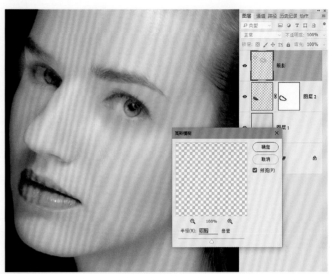

图3-5-202

（14）将"眼影"图层的图层混合模式修改为颜色模式，可以看到眼影也变得通透了，如图3-5-203所示。

图3-5-203

（15）给眼影部分添加蒙版，可以利用黑色画笔将眉毛或其他不该有眼影却涂上眼影的部分适当清除一下，保持皮肤干净，如图3-5-204所示。

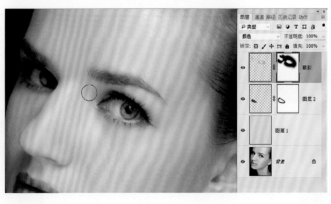

图3-5-204

（16）再次新建图层并命名为腮红，在前景色拾色器中选择一个适合腮红的颜色，如图3-5-205所示。

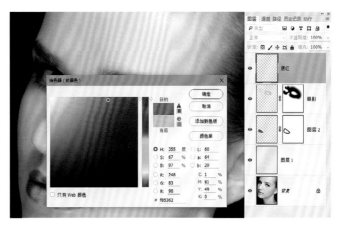

图3-5-205

（17）利用画笔在该有腮红的部分涂抹，涂抹面积不要过大，涂抹区域就是颧骨下方的暗影部分，如图3-5-206所示。

图3-5-206

（18）同样利用"高斯模糊"命令将腮红部分的色彩柔和晕开，如图3-5-207所示。

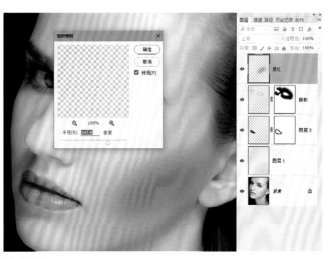

图3-5-207

（19）当腮红色彩边缘完全融合后可以调整该图层的图层混合模式为颜色模式，如图3-5-208所示。

图3-5-208

（20）腮红不需要太重，如果改变图层混合模式后发现腮红颜色很重，可以修改"腮红"图层的不透明度，边调整边观察效果变化，如图3-5-209所示。

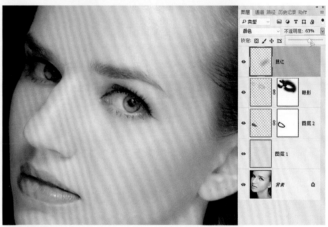

图3-5-209

（21）到此各个区域的上色都完成了，但是颜色与颜色之间还不协调，每个区域的颜色都需要进一步处理。选中"皮肤颜色"图层，打开"色相/饱和度"命令，通过对色相及饱和度的调整校准皮肤色彩，如图3-5-210所示。

图3-5-210

（22）接着选中"唇彩"图层，同样使用"色相/饱和度"命令对唇彩的色相及饱和度进行适当调整，尽量使每一种颜色在画面中都很和谐，如图3-5-211所示。

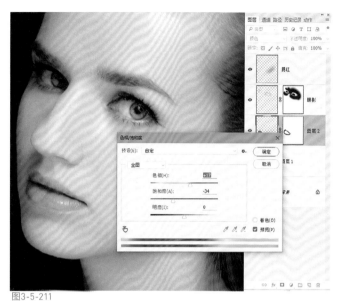

图3-5-211

（23）选中"眼影"图层，以同样的方式做色彩校准，如图3-5-212所示。

图3-5-212

（24）腮红也不例外，只要觉得色彩不合适、不协调，就需要进行色彩调整。还是利用"色相/饱和度"命令对腮红进一步调整一下，如图3-5-213所示。

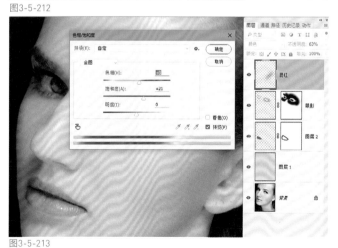

图3-5-213

（25）使色彩协调、融洽后就可以盖印图层了，使用快捷键Ctrl+Alt+Shift+E进行图层盖印，得到"图层1"图层，如图3-5-214所示。

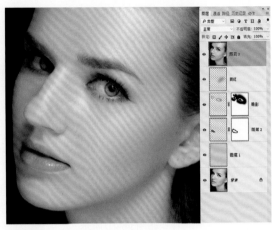

图3-5-214

（26）整体上利用曲线做一些调整，具体调整要看画面效果，这里进行了提亮调整、亮部加浅绿及整体加暖调的调整，如图3-5-215、图3-5-216和图3-5-217所示。

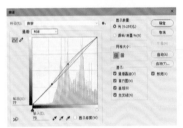

图3-5-215

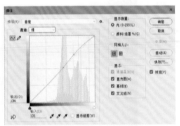

图3-5-216

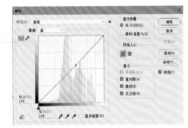

图3-5-217

（27）最后整体上再进行纯度及色相的调整，尽量使颜色看上去更舒服，如图3-5-218所示。

图3-5-218

（28）经过这么多步骤的调整，一张黑白的人像照片终于变为绚丽多彩的彩色照片，如图3-5-219所示。

图3-5-219

6. 利用图层混合模式为人像照片调色

通过混合模式为照片调色只是调色方式的一种，关键是大家要对图层混合模式有很深的了解，这样才能随心所欲地进行调色，一般应用的图层混合模式不确定，因为如果使用的色彩图层不同就会改变图层混合模式，如果想要的风格不同也需要改变图层混合模式，没有什么固定形式，大家还是多花时间摸索吧！

（1）打开需要调整颜色的照片（见图3-5-220），此张照片原始色调有种温馨的感觉，可以通过图层混合模式的改变将照片的温馨感觉加强。

图3-5-220

（2）先对人像修饰一下，进入快速蒙版，利用画笔工具涂抹人物上半身，主要涂抹面部皮肤部分。涂抹时保持均匀过渡，如图3-5-221所示。

图3-5-221

（3）退出快速蒙版得到选区，然后打开"曲线"命令，利用曲线对选区部分的明暗和对比做一些提升，如图3-5-222所示。

图3-5-222

（4）应用曲线后要记得取消选区，在"选择"菜单执行"取消选择"命令，如图3-5-223所示。

图3-5-223

（5）再次进入快速蒙版，用画笔涂抹整个人物部分，注意四周的过渡效果，如图3-5-224所示。

图3-5-224

（6）退出快速蒙版后得到选区，然后利用曲线对整个人物部分做提亮和增加对比度的调整，此处调整为微调，如图3-5-225所示。

（7）新建图层，在工具栏中选择仿制图章工具，设置该工具属性后将人物的皮肤部分修饰干净，如图3-5-226所示。

图3-5-225

图3-5-226

　　（8）新建图层，得到"图层2"图层在工具栏中选择渐变工具，在属性栏打开渐变编辑器，选择"橙，黄，橙渐变"，如图3-5-227所示。

　　（9）选中线性渐变，沿对角线对"图层2"图层进行渐变填充，如图3-5-228所示。

图3-5-227

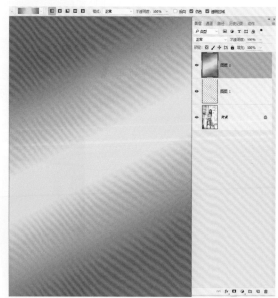

图3-5-228

　　（10）修改"图层2"图层的图层混合模式为正片叠底，这样渐变色就融合到人物图像中了，如图3-5-229所示。

　　（11）此时色彩比较重，可以修改一下"图层2"图层的不透明度，设置为50%左右即可，如图3-5-230所示。

图3-5-229

图3-5-230

（12）接着给"图层2"图层添加图层蒙版，利用黑色的不透明度为30%左右的画笔对人物部分（主要是面部）进行擦抹，保持人物面部区域色彩淡雅，如图3-5-231所示。

（13）再次新建图层，得到"图层3"图层。利用前景色拾色器选择一种深蓝色，如图3-5-232所示。

图3-5-231

图3-5-232

（14）将选定的蓝色填充到"图层3"图层，然后修改该图层的图层混合模式为变亮，如图3-5-233所示。

（15）打开"色相/饱和度"命令，对"图层3"图层进行色相及饱和度的调整，主要是使加入的色彩更适合画面，如图3-5-234所示。

图3-5-233

图3-5-234

（16）再次新建图层，得到"图层4"图层。前景色选择浅黄色，纯度不要很高，如图3-5-235所示。

（17）将选定的色彩填充"图层4"图层修改该图层的图层混合模式为颜色加深，这一步就是为了将画面中高光比较亮的颜色加入点黄色，使层次更细腻，如图3-5-236所示。

图3-5-236

图3-5-235

（18）如果觉得颜色加得有点浓，可以适当调整一下"图层4"图层的不透明度，如图3-5-237所示。

（19）使用快捷键Ctrl+Alt+Shift+E盖印图层，盖印后生成"图层5"图层，如图3-5-238所示。

图3-5-237

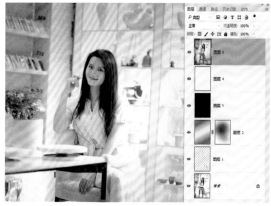

图3-5-238

（20）再次进入快速蒙版，用画笔涂抹人物头部部分，再次强调一定要保证边缘过渡均匀、柔和，如图3-5-239所示。

（21）退出快速蒙版后得到选区，然后将选区部分通过按快捷键Ctrl+J进行复制得到"图层6"图层，如图3-5-240所示。

图3-5-239

图3-5-240

（22）修改"图层6"图层的图层混合模式为滤色模式，这样人物面部将会再次进行提亮操作，如图3-5-241所示。

图3-5-241

（23）如果提亮后的效果过于强烈，适当调整"图层6"图层的不透明度，如图3-5-242所示。

图3-5-242

（24）本实例结束，利用图层混合模式将照片的温馨风格加强后的效果如图3-5-243所示。

本章内容属于进阶知识，从辅助工具、命令到历史记录，从图层蒙版到图层混合模式，每一个知识点都很重要。无论是理论中的知识，还是实例中演示的操作，希望大家都要认真学习、练习，祝大家学习顺利！

图3-5-243